解析深度学习

卷积神经网络原理与视觉实践

魏秀参◎著

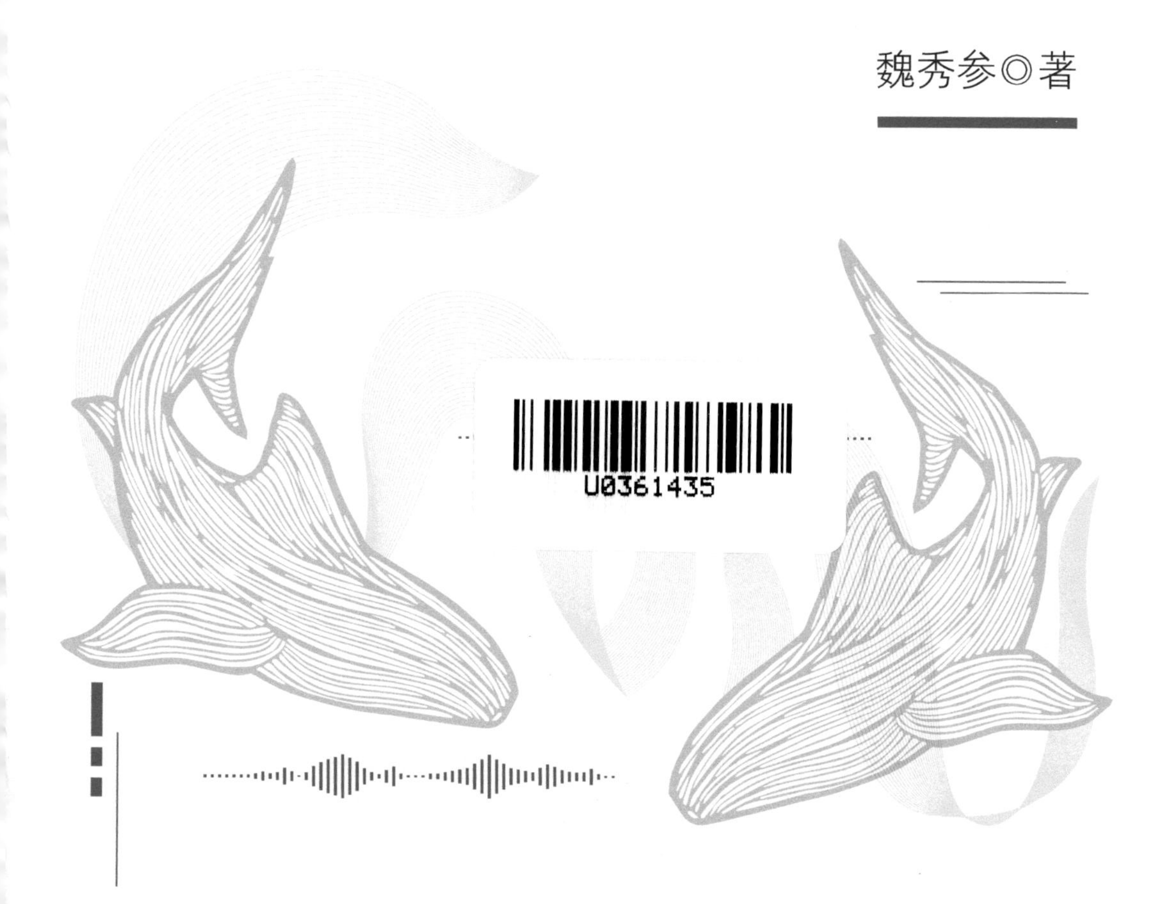

電子工業出版社
Publishing House of Electronics Industry
北京•BEIJING

内容简介

深度学习，特别是深度卷积神经网络是人工智能的重要分支领域，卷积神经网络技术也被广泛应用于各种现实场景，在许多问题上都取得了超越人类智能的结果。本书作为该领域的入门书籍，在内容上涵盖深度卷积神经网络的基础知识和实践应用两大方面。全书共 14 章，分为三个部分：第一部分为绪论；第二部分（第 1～4 章）介绍卷积神经网络的基础知识、基本部件、经典结构和模型压缩等基础理论内容；第三部分（第 5～14 章）介绍深度卷积神经网络自数据准备开始，到模型参数初始化、不同网络部件的选择、网络配置、网络模型训练、不平衡数据处理，最终到模型集成等实践应用技巧和经验。本书并不是一本编程类书籍，而是希望通过"基础知识"和"实践技巧"两方面使读者从更高维度了解、掌握并成功构建针对自身应用问题的深度卷积神经网络。

本书可作为深度学习和卷积神经网络爱好者的入门书籍，也可供没有机器学习背景但希望能快速掌握该方面知识并将其应用于实际问题的各行从业者阅读参考。

图书在版编目（CIP）数据

解析深度学习：卷积神经网络原理与视觉实践 / 魏秀参著.—北京：电子工业出版社，2018.11

ISBN 978-7-121-34528-9

I. ①解…II. ①魏…III. ①机器学习 IV. ①TP181

中国版本图书馆 CIP 数据核字（2018）第 128381 号

策划编辑：刘　皎
责任编辑：牛　勇
印　　刷：北京捷迅佳彩印刷有限公司
装　　订：北京捷迅佳彩印刷有限公司
出版发行：电子工业出版社
　　　　　北京市海淀区万寿路 173 信箱　　　邮编：100036
开　　本：720×1000　1/16　　印张：12.5　　字数：172 千字
版　　次：2018 年 11 月第 1 版
印　　次：2022 年 8 月第 5 次印刷
定　　价：79.00 元

凡所购买电子工业出版社图书有缺损问题，请向购买书店调换。若书店售缺，请与本社发行部联系，联系及邮购电话：（010）88254888，88258888。

质量投诉请发邮件至 zlts@phei.com.cn，盗版侵权举报请发邮件至 dbqq@phei.com.cn。

本书咨询联系方式：（010）51260888-819　faq@phei.com.cn。

推荐序

卷积神经网络乃机器学习领域中深度学习技术最著名内容之一。魏秀参博士在 LAMDA 求学数年，对卷积神经网络及其视觉应用颇有所长，博士未毕业即被旷视科技聘为南京研究院院长，毕业之际将心得材料转撰成书请愚致序。师生之谊，盛情难却。

在国内计算机领域，写书乃吃力不讨好之事。且不论写一本耐读、令读者每阅皆有所获之书何等不易，更不消说众口难调出一本令各型读者皆赞之书何等无望，仅认真写书所耗时间精力之巨、提职时不若期刊论文之效、收入不比同等精力兼差打工之得，已令人生畏，何况稍有不慎就有误人子弟之嫌，令一线学者若不狠心苛己，实难着手。

然有志求学本领域之士渐增，母语优良读物之不足实碍科学技术乃至产业发展。毕竟未必众人皆惯阅外文书籍，亦未必尽能体会外文微妙表达变化之蕴义，更不消说母语阅读对新入行者之轻快适意。愚曾自认四十不惑前学力不足立著，但国内科研水准日新月异，青年才俊茁然成长，以旺盛之精力分享所学，诚堪嘉勉。

市面上深度学习书籍已不少，但专门针对卷积神经网络展开，侧重实践又不失论释者尚不多见。本书基本覆盖了卷积神经网络实践所涉之环节，作者交代的若干心得技巧亦可一观，读者在实践中或有见益。望本书之出版能有助于读者更好地了解和掌握卷积神经网络，进一步促进深度学习技术之推广。

周志华

2018 年 10 月于南京

好评袭来

（以下按姓氏拼音排序）

卷积神经网络作为最先落地的深度学习技术之一，已经被应用于手机、安防、自动驾驶等多个领域。本书作者结合在知名研究机构和独角兽人工智能企业的研发经历，向读者展现了深度学习特别是卷积神经网络方面从数据、模型到系统的全栈式开发过程和技巧。

刘国清
MINIEYE CEO

记得很早之前就看过魏博士的 *Tricks in Deep Neural Networks*，受到了不少的启发，让我个人在实际应用中对深度学习的处理手段和思路变得更加的多样和灵活。魏博士也非常活跃，乐于在社区和论坛分享他的知识，这点非常值得大家学习。本书汇聚了魏博士对深度学习在视觉实践方面的理解。无论你是已经身处工业界的工程师还是在校的研究生，只要在做深度学习、卷积神经网络和视觉应用，本书都非常值得一读。

罗韵
深圳极视角科技有限公司技术合伙人

过去 6 年左右时间，深度学习不但改变了人工智能、统计机器学习的整个科学研究的面貌，并且成功地在工业界催生很多颠覆性的应用。本书作为深度学习的入门教材，在内容上涵盖了深度学习基础的方方面面：从基本概念一直到训练模型的技巧。可贵的是，本书成功地把深度学习的相关数学概念解释得通俗易懂。本书可能是我知道的最好的深度学习的中文入门教材。

沈春华

澳大利亚阿德莱德大学计算机科学学院终身教授

深度学习是当下最流行、效果最好的机器学习方法之一，它将当前的很多感知算法（如计算机视觉、语音识别等）的效果提升了一大截，从而也催生了一大批新的人工智能产业应用落地。本书以深度学习中应用最广泛的卷积神经网络为对象，以计算机视觉作为应用案例，是一本非常实用的起步教程。

唐文斌

旷视科技联合创始人兼 CTO

秀参的这本《解析深度学习：卷积神经网络原理与视觉实践》从卷积神经网络的基础知识入手，配之以计算机视觉领域的实操技巧，内容翔实、语言精炼、理论结合实践，不仅适合深度学习领域刚入门的读者参考学习，同时也可供相关领域从业工作者作为使用手册常伴左右。

吴甘沙

驭势科技 CEO、联合创始人

如果要问对于图像理解任务使用什么模型最好，回答十有八九是深度神经网络。市面上神经网络、深度学习的书籍多关注神经网络的原理介绍，但是对于初学者而言，更多的时候可能是头痛于深度网络实践中面临的种种“坑”，即容易被忽略却时常起到关键作用的技巧。本书不仅有通俗易懂的相关原理介绍，还可以说是作者的“趟坑”经验总结，对于初学者是难得的上手宝典。

俞扬

南京大学副教授、全球 AI’s 10 to Watch

前言

人工智能，一个听起来熟悉但却始终让人备感陌生的词汇。让人熟悉的是科幻作家艾萨克·阿西莫夫笔下的《机械公敌》和《机器管家》，令人陌生的却是到底如何让现有的机器人咿呀学语、邯郸学步；让人熟悉的是计算机科学与人工智能之父图灵设想的“图灵测试”，令人陌生的却是如何使如此的高级智能在现实生活中不再子虚乌有；让人熟悉的是 2016 年初阿尔法狗与李世乭在围棋上的五番对决，令人陌生的却是阿尔法狗究竟是如何打通了“任督二脉”的……不可否认，人工智能就是人类为了满足自身强大好奇心而脑洞大开的产物。现在提及人工智能，就不得不提阿尔法狗，提起阿尔法狗就不得不提到深度学习。那么，深度学习究竟为何物?

本书从实用角度着重解析了深度学习中的一类神经网络模型——卷积神经网络，向读者剖析了卷积神经网络的基本部件与工作机理，更重要的是系统性地介绍了深度卷积神经网络在实践应用方面的细节配置与工程经验。笔者希望本书“小而精”，避免像某些国外相关教材一样浅尝辄止的“大而空”。

写作本书的主因源自笔者曾于 2015 年 10 月在个人主页（http://lamda.nju.edu.cn/weixs）上开放的一个深度学习的英文学习资料“深度神经网络之必会技巧”（*Must Know Tips/Tricks in Deep Neural Networks*）。该资料随后被转帖至新浪微博，受到不少学术界和工业界朋友的好评，至今已有逾 36 万的阅读量，后又被国际知名论坛 KDnuggets 和 Data Science Central 特邀转载。在此期间，笔者频繁接收到国内外读过此学习资料的朋友微博私信或邮件来信表示感谢，其中多人提到希望开放一个中文版本以方便国人阅读学习。另一方面，随着深度学习领域发展的日新月异，当时总结整理的学习资料现在看来已略显滞后，不少最新研究成果并未涵盖其中，同时加上国内至今尚没有一本侧重实践的深度学习方面的中文书籍。因此，笔者笔耕不辍，希望将自己些许的所学所知所得所感及所悟汇总于本书中，分享给大家学习和查阅。

这是一本面向中文读者的轻量级、偏实用的深度学习工具书，本书内容侧重深度卷积神经网络的基础知识和实践应用。为了使尽可能多的读者通过本书对卷积神经网络和深度学习有所了解，笔者试图尽可能少地使用晦涩的数学公式，而尽可能多地使用具体的图表形象表达。本书的读者对象为对卷积神经网络和深度学习感兴趣的入门者，以及没有机器学习背景但希望能快速掌握该方面知识并将其应用于实际问题的各行从业者。为方便读者阅读，本书附录给出了一些相关数学基础知识简介。

全书共有 14 章，除“绪论”外可分为两个部分：第一部分“基础理论篇”包括第 1 ~ 4 章，介绍卷积神经网络的基础知识、基本部件、经典结构和模型压缩等基础理论内容；第二部分“实践应用篇”包括第 5 ~ 14 章，介绍深度卷积神经网络自数据准备开始，到模型参数初始化、不同网络部件的选择、网络配置、网络模型训练、不平衡数据处理，最终到模型集成等实践应用技巧和经验。另外，本书基本在每章结束均有对应小结，读者在阅读完每章内容后不妨掩卷回忆，看是否完全掌握了此章重点。对卷积神经网络和深度学习感兴趣的读者可通读全书，做到“理论结合实践”；对希望迅速应用深度卷积神经网络来解决实际问题的读者，也可直接参考第二部分的有关内容，做到“有的放矢”。

笔者在本书写作过程中得到很多同学和学术界、工业界朋友的支持与帮助，在此谨列出他们的姓名以致谢意（按姓氏拼音序）：高斌斌、高如如、罗建豪、屈伟洋、谢晨伟、杨世才、张晨麟等。感谢高斌斌和罗建豪帮助起草本书第3.2.4节和第4章的有关内容。此外，特别感谢南京大学周志华教授、吴建鑫教授和澳大利亚阿德莱德大学沈春华教授等众多师长在笔者求学科研过程中不厌其烦细致入微的指导、教育和关怀。同时，感谢电子工业出版社的刘皎老师为本书出版所做的努力。最后非常感谢笔者的父母，感谢他们的养育和一直以来的理解、体贴与照顾。写就本书，笔者自认才疏学浅，仅略知皮毛，更兼时间和精力有限，书中错谬之处在所难免，若蒙读者不弃，还望不吝赐教，笔者将不胜感激！

魏秀参

目录

第一部分　绪论　1

0.1　引言　2

0.2　什么是深度学习　3

0.3　深度学习的前世今生　6

第二部分　基础理论篇　9

1　卷积神经网络基础知识　10

1.1　发展历程　11

1.2　基本结构　13

1.3　前馈运算　16

1.4　反馈运算　16

1.5　小结　19

2　卷积神经网络基本部件　21

2.1　“端到端”思想　21

2.2　网络符号定义　23

2.3　卷积层　24

2.3.1　什么是卷积　24

2.3.2　卷积操作的作用　27

2.4　汇合层　28

2.4.1　什么是汇合　29

2.4.2　汇合操作的作用　30

2.5 激活函数 31
2.6 全连接层 33
2.7 目标函数 34
2.8 小结 34

3 卷积神经网络经典结构 **35**

3.1 CNN 网络结构中的重要概念 35
3.1.1 感受野 35
3.1.2 分布式表示 37
3.1.3 深度特征的层次性 39
3.2 经典网络案例分析 42
3.2.1 Alex-Net 网络模型 42
3.2.2 VGG-Nets 网络模型 46
3.2.3 Network-In-Network 48
3.2.4 残差网络模型 49
3.3 小结 54

4 卷积神经网络的压缩 **56**

4.1 低秩近似 58
4.2 剪枝与稀疏约束 60
4.3 参数量化 64
4.4 二值网络 68
4.5 知识蒸馏 71
4.6 紧凑的网络结构 74
4.7 小结 76

第三部分 实践应用篇 **77**

5 数据扩充 **78**

5.1 简单的数据扩充方式 78

5.2 特殊的数据扩充方式 80
5.2.1 Fancy PCA 80
5.2.2 监督式数据扩充 80
5.3 小结 82

6 数据预处理 83

7 网络参数初始化 85
7.1 全零初始化 86
7.2 随机初始化 86
7.3 其他初始化方法 90
7.4 小结 90

8 激活函数 91
8.1 Sigmoid 型函数 92
8.2 $\tanh(x)$ 型函数 93
8.3 修正线性单元（ReLU） 93
8.4 Leaky ReLU 94
8.5 参数化 ReLU 95
8.6 随机化 ReLU 97
8.7 指数化线性单元（ELU） 98
8.8 小结 99

9 目标函数 100
9.1 分类任务的目标函数 100
9.1.1 交叉熵损失函数 101
9.1.2 合页损失函数 101
9.1.3 坡道损失函数 101
9.1.4 大间隔交叉熵损失函数 103
9.1.5 中心损失函数 105

9.2 回归任务的目标函数 107
9.2.1 ℓ_1 损失函数 108
9.2.2 ℓ_2 损失函数 108
9.2.3 Tukey's biweight 损失函数 109
9.3 其他任务的目标函数 109
9.4 小结 111

10 网络正则化 113

10.1 ℓ_2 正则化 114
10.2 ℓ_1 正则化 115
10.3 最大范数约束 115
10.4 随机失活 116
10.5 验证集的使用 118
10.6 小结 119

11 超参数设定和网络训练 120

11.1 网络超参数设定 120
11.1.1 输入数据像素大小 120
11.1.2 卷积层参数的设定 121
11.1.3 汇合层参数的设定 122
11.2 训练技巧 123
11.2.1 训练数据随机打乱 123
11.2.2 学习率的设定 123
11.2.3 批规范化操作 125
11.2.4 网络模型优化算法选择 127
11.2.5 微调神经网络 132
11.3 小结 133

12 不平衡样本的处理 **135**

12.1 数据层面处理方法 136

12.1.1 数据重采样 136

12.1.2 类别平衡采样 137

12.2 算法层面处理方法 138

12.2.1 代价敏感方法 139

12.2.2 代价敏感法中权重的指定方式 140

12.3 小结 142

13 模型集成方法 **143**

13.1 数据层面的集成方法 143

13.1.1 测试阶段数据扩充 143

13.1.2 “简易集成”法 144

13.2 模型层面的集成方法 144

13.2.1 单模型集成 144

13.2.2 多模型集成 146

13.3 小结 149

14 深度学习开源工具简介 **151**

14.1 常用框架对比 151

14.2 常用框架的各自特点 153

14.2.1 Caffe 153

14.2.2 Deeplearning4j 153

14.2.3 Keras 154

14.2.4 MXNet 155

14.2.5 MatConvNet 155

14.2.6 TensorFlow 155

14.2.7 Theano 156

14.2.8 Torch 157

14.3 其他 157

A 向量、矩阵及其基本运算 158

B 随机梯度下降 162

C 链式法则 165

参考文献 167

索引 181

第一部分

绪论

0.1 引言

2015 年 10 月，一场围棋的人机对决赛正在进行，但由于是闭门对弈，这场比赛在进行时可谓“悄无声息”……

围棋，起源于中国，是迄今最古老的人类智力游戏之一。它的有趣和神奇，不仅在于规则简洁而优雅但玩法却千变万化，而且还因为它是世界上最复杂的棋盘游戏之一，是在此之前唯一一种机器不能战胜人类的棋类游戏。那场对决的一方是三届欧洲围棋冠军的樊麾二段，另一方则是 Google DeepMind 开发的“阿尔法狗”（AlphaGo）人工智能（Artificial Intelligence，AI）围棋系统，双方以正式比赛中使用的十九路棋盘进行了无让子的五局较量。与比赛进行时的状况大相径庭的是，赛后结局并非无人问津而是举世哗然：阿尔法狗以 5 : 0 全胜的纪录击败樊麾二段，而樊麾二段则成为世界上第一个于十九路棋盘上被 AI 围棋系统击败的职业棋手。樊麾二段在赛后接受 *Nature* 采访时曾谈道：“如果事先不知道阿尔法狗是台电脑，我会以为对手是棋士，一名有点奇怪的高手。”霎时间消息不胫而走，媒体报道铺天盖地，莫非人类就如此这般轻易地丢掉了自己的“尊严”？莫非所有棋类游戏均已输给 AI？

当然没有。樊麾一战过后不少围棋高手和学界专家站出来质疑阿尔法狗取胜的“含金量”，为人类“背书”：此役机器仅仅战胜了人类的围棋职业二段，根本谈不上战胜了围棋高手，何谈战胜人类呢！就在人们以一副淡定姿态评论这次“小游戏”时，阿尔法狗正在酝酿下一次“大对决”，因为它即将在 2016 年 3 月迎战韩国籍世界冠军李世乭九段。近十年来，李世乭是夺取世界冠军头衔次数最多的超一流棋手，所以从严格意义上讲，这才是真正的“人机大战”。

与上次不同，2016 年 3 月这次人机“巅峰对决”堪称举世瞩目，万人空巷。不过在赛前仍有不少人唱衰阿尔法狗，特别是整个围棋界满是鄙视，基本上认为阿尔法狗能赢一盘保住“面子”就善莫大焉了。但是随着比赛的进行，结果却令人错愕。第一局李世乭输了！“是不是李世乭的状态不对，没发挥出真正的水平?”第二局李世乭又输了！“阿尔法狗还是蛮厉害的啊。不过阿尔法狗大局观应该不行，世乭九段在这方面加强，应该能赢。”第三局李世乭再次输了！赛前站在人类棋手一方的乐观派陷入了悲观。“完了！虽然比赛已输，但李九段怎么说也要赢一盘吧。”果然，第四局 78 手出现神之一手，李世乭终于赢了一盘，让人有了些许安慰。但末盘阿尔法狗没有再给李世乭机会，最终以 4 : 1 大胜人类围棋的顶级高手，彻底宣告人类“丧失”了在围棋上的统治地位。“阿尔法狗”则迅速成为全世界热议的话题。在阿尔法狗大红大紫的同时，人们也牢牢记住了一个原本陌生的专有名词——“深度学习”（deep learning）。

0.2 什么是深度学习

比起深度学习，“机器学习”一词大家更熟悉一些。机器学习（machine learning）是人工智能的一个分支，它致力于研究如何通过计算的手段，利用经验（experience）来改善计算机系统自身的性能。通过从经验中获取知识（knowledge），机器学习算法摒弃了人为向机器输入知识的操作，转而凭借算法自身学习到所需知识。对于传统机器学习算法，“经验”往往对应以“特征”（feature）形式存储的“数据”（data），传统机器学习算法所做的事情便是依靠这些数据产生“模型”（model）。

但是“特征”为何物?如何设计特征更有助于算法产生优质模型?……一开始人们通过“特征工程”（feature engineering）形式的工程试错方式得到数据特征。可是随着机器学习任务越来越复杂和多变，人们逐渐发现针对具体任务生成特定特征不仅费时费力，同时还特别敏感，很难将其应用于另一任务。此外，对于一些任务，人们根本不知道该如何使用特征有效表示数据。例如，人们知道一辆车的样子，但完全不知道设计怎样的像素值并配合起来才能让机器“看懂”这是一辆车。这种情况就会导致，若特征“造”得不好，最终学习任务的性能也会受到极大程度的制约，可以说，特征工程的质量决定了最终任务的性能。聪明而倔强的人类并没有屈服：既然模型学习的任务可以通过机器自动完成，那么特征学习这个任务自然也可以完全通过机器自己实现。于是，人们尝试将特征学习这一过程也让机器自动地“学”出来，这便是“表示学习”（representation learning）。

表示学习的发展大幅提高了人工智能应用场景下任务的最终性能，同时由于其具有自适应性，这使得人们可以很快将人工智能系统移植到新的任务上去。“深度学习”便是表示学习中的一个经典代表。

深度学习以数据的原始形态（raw data）作为算法输入，由算法将原始数据逐层抽象为自身任务所需的最终特征表示，最后以特征到任务目标的映射（mapping）作为结束。从原始数据到最终任务目标“一气呵成”，并无夹杂任何人为操作。如图1所示，相比传统机器学习算法仅学得模型这一单一“任务模块”，深度学习除了模型学习外，还有特征学习、特征抽象等任务模块的参与，借助多层任务模块完成最终学习任务，故称其为“深度”学习。神经网络算法是深度学习中的一类代表算法，其中包括深度置信网络（deep belief network）、递归神经网络（recurrent neural network）和卷积神经网络（Convolution Neural Network，CNN），等等。特别是卷积神经网络，目前在计算机视觉、自然语言处理、医学图像处理等领域可谓“一枝独秀”，它也是本书将侧重介绍的一类深度学习算法。有关人工智能、机器学习、表示学习和深度学习等概念间的关系可由图2所示的韦恩图来表示。

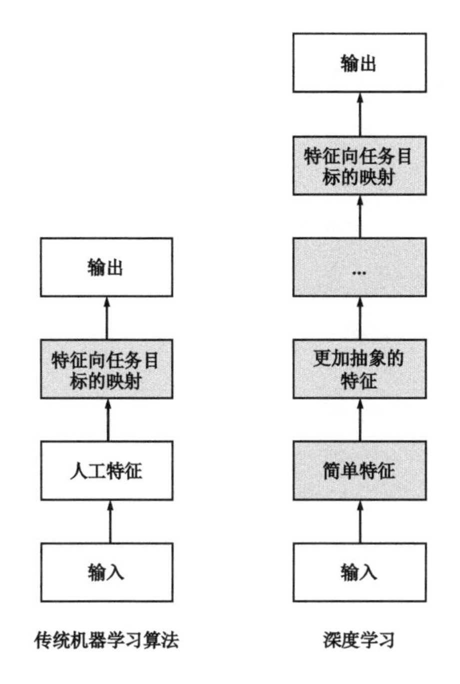

图 1　传统机器学习算法与深度学习概念性对比。图中阴影标注的模块表示该模块可由算法直接从数据中自学习所得

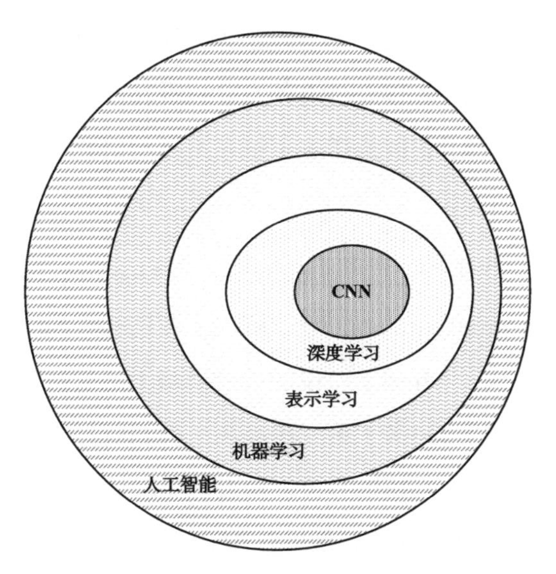

图 2　人工智能、机器学习、表示学习、深度学习和卷积神经网络（CNN）之间的关系

0.3 深度学习的前世今生

虽说阿尔法狗一鸣惊人，但它背后的深度学习这个概念却是由来已久。相对今日之繁荣，它一路走来的发展不能说一帆风顺，甚至有些跌宕起伏。回顾历史，深度学习的思维范式实际上是人工神经网络（artificial neural networks）。追溯历史，该类算法的发展经历了三次高潮和两次衰落。

第一次高潮是 20 世纪 40 ~ 60 年代时广为人知的控制论（cybernetics）。当时的控制论是受神经科学启发的一类简单的线性模型，其研究内容是给定一组输入信号 $x_1, x_2, \ldots, x_n$，去拟合一个输出信号 y，所学模型便是最简单的线性加权：$f(\boldsymbol{x}, \boldsymbol{\omega}) = x_1\omega_1 + \cdots + x_n\omega_n$。显然，如此简单的线性模型令其应用领域极为受限，最为著名的是，它不能处理"异或"问题（XOR function）。因此，人工智能之父 Marvin Minsky 曾在当时撰文，批判神经网络存在两个关键问题：首先，单层神经网络无法处理"异或"问题；其次，当时的计算机缺乏足够的计算能力以满足大型神经网络长时间的运行需求。Minsky 对神经网络的批判使有关它的研究从 20 世纪 60 年代末开始进入"寒冬"，后来人工智能虽产生了很多不同的研究方向，可唯独神经网络好像逐渐被人淡忘。

直到 20 世纪 80 年代，David Rumelhar 和 Geoffery E. Hinton 等人提出了反向传播（back propagation）算法，解决了两层神经网络所需要的复杂计算量问题，同时克服了 Minsky 所说的神经网络无法解决的异或问题，自此神经网络"重获生机"，迎来了第二次高潮，即 20 世纪 80 ~ 90 年代的连接主义（connectionism）。但好景不长，受限于当时数据获取的瓶颈，神经网络只能在中小规模数据上训练，因此过拟合（overfitting）极大地困扰着神经网络算法。同时，神经网络算法的不可解释性令它俨然成为一个"黑盒"，训练模型好比撞运气，有人无奈地讽刺说它根本不是"科学"（science），而是一种"艺术"（art）。另外，加上当时硬件性能不足而带来的巨大计算代价，使人们对神经网络望而却步，相反，支持向量机（support vector machine）等数学优美且可解释性强的机器学习算法逐渐成为历史舞台上的“主角”。短短十年，神经网络再次跌入“谷底”。甚至当时在一段时间内只要和神经网络沾边的学术论文几乎都会收到类似这样的评审意见：“The biggest issue with this paper is that it relies on neural networks.”（这篇论文最大的问题，就是它使用了神经网络。）

但可贵的是，尽管当时许多人抛弃神经网络转行做了其他方向，但Geoffery E. Hinton、Yoshua Bengio和Yann LeCun等人仍“坚持不懈”，在神经网络领域默默耕耘，可谓“卧薪尝胆”。在随后的30年，软件算法和硬件性能不断优化，2006年，Geoffery E. Hinton等人在*Science*上发表文章[38]提出：一种称为“深度置信网络”（deep belief network）的神经网络模型可通过逐层预训练（greedy layer-wise pretraining）的方式，有效完成模型训练过程。很快，更多的实验结果证实了这一发现，更重要的是除了证明神经网络训练的可行性外，实验结果还表明神经网络模型的预测能力相比其他传统机器学习算法可谓“鹤立鸡群”。Hinton发表在*Science*上的这篇文章无疑为神经网络类算法带来了一缕曙光。被冠以“深度学习”名称的神经网络终于可以大展拳脚，它首先于2011年在语音识别领域大放异彩，其后便是在2012年计算机视觉“圣杯”ImageNet竞赛上强势夺冠，接着于2013年被《MIT科技纵览》（*MIT Technology Review*）评为年度十大科技突破之首……这就是第三次高潮，也就是大家都比较熟悉的深度学习（deep learning）时代。其实，深度学习中的“deep”一词是为了强调当下人们已经可以训练和掌握相比之前神经网络层数多得多的网络模型。不过也有人说深度学习无非是“新瓶装旧酒”，而笔者更愿意称其是“鸟枪换炮”。有效数据的急剧扩增、高性能计算硬件的实现以及训练方法的大幅完善，三者共同作用最终促成了神经网络的第三次“复兴”。

细细想来，其实第三次神经网络的鼎盛与前两次大有不同，这次深度学习的火热不仅体现在学术研究领域的繁荣，它更引发相关技术的爆发，并产生了巨大的现实影响力和商业价值——人工智能不再是一张“空头支票”。尽管目前阶段的人工智能还没有达到科幻作品中的强人工智能水平，但当下的系统质量和性能已经足以让机器在特定任务中完胜人类，也足以产生巨大的产业生产力。

深度学习作为当前人工智能热潮的技术核心，哪怕研究高潮日后会有所回落，但应不会再像前两次衰落一样被人们彻底遗忘。它的伟大意义在于，它就像一个人工智能时代人类不可或缺的工具，真正让研究者或工程师摆脱了复杂的特征工程，可以专注于解决更加宏观的关键问题；它又像一门人工智能时代人类必须使用的语言，掌握了它就可以用之与机器“交流”完成之前无法企及的现实智能任务。因此许多著名的大型科技公司，如Google、Amazon、Facebook、微软、百度、腾讯和阿里巴巴等纷纷第一时间成立了聚焦深度学习的人工智能研究院或研究机构。相信随着人工智能大产业的发展，慢慢的，人类重复性的工作可被机器替代，从而社会运转效率大为提升，把人们从枯燥的劳动中解放出来参与到其他更富创新的活动中去。

有人说，“人工智能是不懂美的。”即便阿尔法狗在围棋上赢了人类，但它根本无法体会“落子知心路”给人带来的微妙感受。不过转念一想，如果真有这样一位可随时与你“手谈”的朋友，怎能不算是件乐事？我们应该庆幸可以目睹并且亲身经历甚至参与这次人工智能的革命浪潮，相信今后一定还会有更多像阿尔法狗一样的奇迹发生。此时，我们登高望远，极目远眺；此时，我们指点江山，挥斥方遒。正是此刻站在浪潮之巅，因此我们兴奋不已，彻夜难眠！

第二部分

基础理论篇

1

卷积神经网络基础知识

卷积神经网络（Convolutional Neural Networks，CNN）是一类特殊的人工神经网络，区别于神经网络其他模型（如递归神经网络、Boltzmann 机等），它最主要的特点是卷积运算操作（convolution operators）。因此，CNN 在诸多领域的应用特别是图像相关任务上表现优异，例如图像分类（image classification）、图像语义分割（image semantic segmentation）、图像检索（image retrieval）、物体检测（object detection）等计算机视觉问题。此外，随着 CNN 研究的深入，像自然语言处理（natural language processing）中的文本分类、软件工程数据挖掘（software mining）中的软件缺陷预测等问题都在尝试利用卷积神经网络解决，并取得了比传统方法甚至其他深度网络模型更优的预测效果。

本章首先回顾卷积神经网络发展历程，接着从抽象层面介绍卷积神经网络的基本结构，以及卷积神经网络中的两类基本过程：前馈运算（预测和推理）和反馈运算（训练和学习）。

1.1 发展历程

卷积神经网络发展历史中的第一个里程碑事件发生在 20 世纪 60 年代左右的神经科学（neuroscience）领域中。加拿大神经科学家 David H. Hubel 和 Torsten Wiesel（图 1-1）于 1959 年提出猫的初级视皮层中单个神经元的“感受野”（receptive field）概念，紧接着于 1962 年发现了猫的视觉中枢里存在感受野、双目视觉和其他功能结构，这标志着神经网络结构首次在大脑视觉系统中被发现。[①]

图 1-1 Torsten Wiesel（左）和 David H. Hubel（右）。两人因在视觉系统中信息处理方面的杰出贡献，于 1981 年获得诺贝尔生理学或医学奖

1980 年前后，日本科学家福岛邦彦（Kunihiko Fukushima）在 Hubel 和 Wiesel 工作的基础上，模拟生物视觉系统并提出了一种层级化的多层人工神经网络，即“神经认知”（neurocognitron）[19]，以处理手写字符识别和其他模式识别任务。神经认知模型在后来也被认为是现今卷积神经网络的前身。在福岛邦彦的神经认知模型中，两种最重要的组成单元是“S 型细胞”（S-cells）和“C 型细胞”（C-cells），两类细胞交替堆叠在一起构成了神经认知网络（如图 1-2所示）。其中，S 型细胞用于抽取局部特征（local features），C 型细胞则用于抽象和容错，不难发现这与现今卷积神经网络中

[①] 相关视频资料可参见：Hubel and Wiesel & the Neural Basis of Visual Perception (http://knowingneurons.com/2014/10/29/hubel-and-wiesel-the-neural-basis-of-visual-perception/)。

的卷积层（convolution layer）和汇合层（pooling layer）可一一对应。

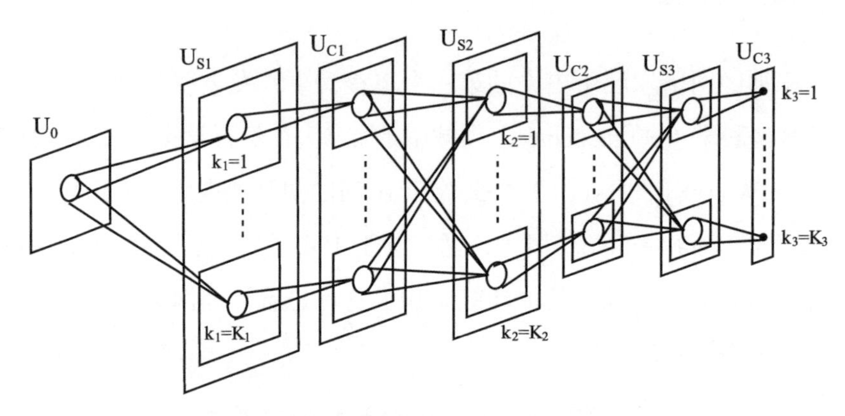

图 1-2　1980 年福岛邦彦提出的神经认知模型 [19]

随后，Yann LeCun 等人在 1998 年提出基于梯度学习的卷积神经网络算法 [54]，并将其成功用于手写数字字符识别中，在那时的技术条件下就能取得低于 1% 的错误率。因此，LeNet 这一卷积神经网络在当时便效力于全美几乎所有的邮政系统，用来识别手写邮政编码进而分拣邮件和包裹。可以说，LeNet 是第一个产生实际商业价值的卷积神经网络，同时也为卷积神经网络以后的发展奠定了坚实的基础。鉴于此，Google 在 2015 年提出 GoogLeNet[80] 时还特意将“L”大写，以此向“前辈”LeNet 致敬。

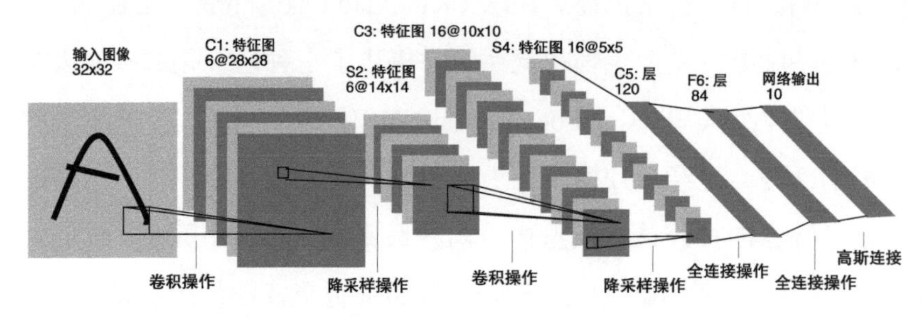

图 1-3　LeNet-5 结构 [54]：一种用于字符识别的卷积神经网络。其中，每一个“矩形”代表一张特征图（feature map），最后是两层全连接层（fully connected layer）

时间来到 2012 年，在有计算机视觉界“世界杯”之称的 ImageNet 图像分类竞赛四周年之际，Geoffrey E. Hinton 等人凭借卷积神经网络 Alex-Net

力挫日本东京大学、英国牛津大学 VGG 组等劲旅，且以超过第二名近 12% 的准确率一举夺得该竞赛冠军 [52]，霎时间学界、业界一片哗然。自此揭开了卷积神经网络在计算机视觉领域称霸的序幕[①]，此后每年 ImageNet 竞赛的冠军非深度卷积神经网络莫属。直到 2015 年，在改进了卷积神经网络中的激活函数（activation function）后，卷积神经网络在 ImageNet 数据集上的性能（4.94%）第一次超过了人类预测错误率（5.1%）[34]。近年来，随着神经网络特别是卷积神经网络相关领域研究人员的增多、技术的日新月异，卷积神经网络也变得愈宽愈深愈加复杂，从最初的 5 层、16 层，到 MSRA 等提出的 152 层 Residual Net[36]，甚至上千层网络对广大研究者和工程实践人员来说也已司空见惯。

不过有趣的是，我们从图1-4a所示的 Alex-Net 网络结构可以发现，在基本结构方面它与十几年前的 LeNet 几乎毫无差异。但数十载间，数据和硬件设备（尤其是 GPU）的发展确实是翻天覆地的，它们实际上才是进一步助力神经网络领域革新的主引擎。正是如此，才使得深度神经网络不再是“晚会的戏法”和象牙塔里的研究，真正变成了切实可行的工具和应用手段。深度卷积神经网络自 2012 年一炮走红，到现在俨然已成为人工智能领域一个举足轻重的研究课题，甚至可以说深度学习是诸如计算机视觉、自然语言处理等领域主宰性的研究技术，更是工业界各大公司和创业机构着力发展、力求抢占先机的技术奇点。

1.2 基本结构

总体来说，卷积神经网络是一种层次模型（hierarchical model），其输入是原始数据（raw data），如 RGB 图像、原始音频数据等。卷积神经网络通

[①] 有人称 Alex-Net 诞生的 2012 年为**计算机视觉**领域中的深度学习元年。同时也有人将 Hinton 提出深度置信网络（Deep Belief Networks，DBN）[38] 的 2006 年视作**机器学习**领域中的深度学习元年。

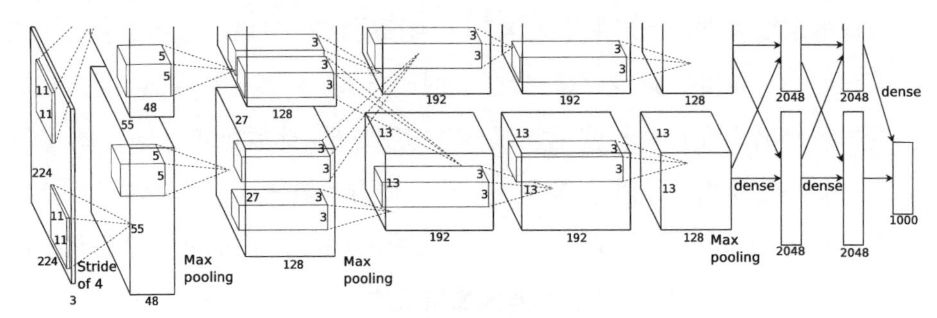

(a) Alex-Net 结构 [52]

(b) Geoffrey E. Hinton

图 1-4　Alex-Net 网络结构和 Geoffrey E. Hinton。值得一提的是，Hinton 因其杰出的研究成就，获得 2016 年度电气和电子工程师协会（IEEE）与爱丁堡皇家科学会（Royal Society of Edinburgh）联合颁发的 James Clerk Maxwell 奖，以表彰其在深度学习方面的突出贡献

过卷积（convolution）操作、汇合（pooling）操作和非线性激活函数（non-linear activation function）映射等一系列操作的层层堆叠，将高层语义信息由原始数据输入层中抽取出来，逐层抽象，这一过程便是“**前馈运算**”（feed-forward）。其中，不同类型操作在卷积神经网络中一般被称作“层”：卷积操作对应“卷积层”，汇合操作对应“汇合层”，等等。最终，卷积神经网络的最后一层将目标任务（分类、回归等）形式化为目标函数（objective function）①。通过计算预测值与真实值之间的误差或损失（loss），凭借反向传播算法（back-propagation algorithm [72]）将误差或损失由最后一层逐

① 目标函数有时也称为代价函数（cost function）或损失函数（loss function）。

层向前**反馈**（back-forward），更新每层参数，并在更新参数后再次前馈，如此往复，直到网络模型收敛，从而达到模型训练的目的。

更通俗地讲，卷积神经网络操作犹如搭积木的过程（如图 1-5所示），将卷积等操作层作为“基本单元”依次“搭”在原始数据（图 1-5中的 $\boldsymbol{x}^1$）上，逐层“堆砌”，以损失函数的计算（图 1-5中的 z）作为过程结束，其中每层的数据形式是一个三维张量（tensor）。具体地说，在计算机视觉应用中，卷积神经网络的数据层通常是 RGB 颜色空间的图像：H 行、W 列、3 个通道（分别为 R、G、B），在此记作 $\boldsymbol{x}^1$。$\boldsymbol{x}^1$ 经过第一层操作可得 $\boldsymbol{x}^2$，对应第一层操作中的参数记为 $\boldsymbol{\omega}^1$；$\boldsymbol{x}^2$ 作为第二层操作层 $\boldsymbol{\omega}^2$ 的输入，可得 $\boldsymbol{x}^3$……直到第 $L-1$ 层，此时网络输出为 $\boldsymbol{x}^L$。在上述的过程中，理论上每层操作可以为单独的卷积操作、汇合操作、非线性映射或其他操作/变换，当然也可以是不同形式操作/变换的组合。

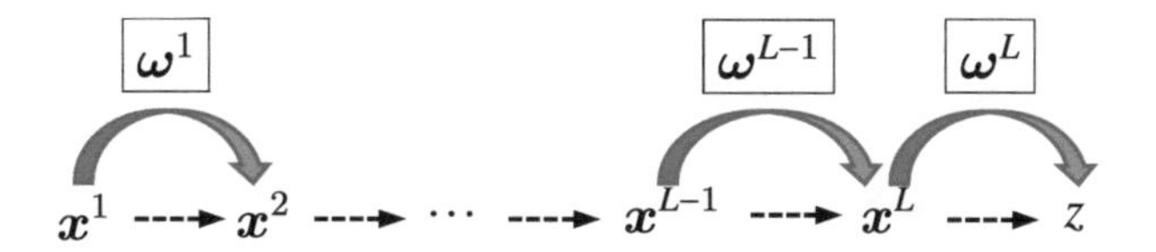

图 1-5　卷积神经网络构建示意图。其中蓝色箭头表示数据层经过操作层的过程，黑色虚线表示数据层流程

最后，整个网络以损失函数的计算作为结束。若 $\boldsymbol{y}$ 是输入 $\boldsymbol{x}^1$ 对应的真实标记（ground truth），则损失函数表示为：

$$z = \mathcal{L}(\boldsymbol{x}^L, \boldsymbol{y}), \tag{1.1}$$

其中，函数 $\mathcal{L}(\cdot)$ 中的参数即为 $\boldsymbol{\omega}^L$。事实上，可以发现对于层中的特定操作，参数 $\boldsymbol{\omega}^i$ 是可以为空的，如汇合操作、无参的非线性映射以及无参损失函数的计算等。在实际应用中，对于不同任务，损失函数的形式也随之改变。以回归问题为例，常用的 ℓ_2 损失函数即可作为卷积网络的目标函数，此时有 $z = \mathcal{L}_{\text{regression}}(\boldsymbol{x}^L, \boldsymbol{y}) = \frac{1}{2}\|\boldsymbol{x}^L - \boldsymbol{y}\|^2$；对于分类问题，网络的目标

函数常采用交叉熵（cross entropy）损失函数，有 $z = \mathcal{L}_{\text{classification}}(\boldsymbol{x}^L, \boldsymbol{y}) = -\sum_i y_i \log(p_i)$，其中 $p_i = \frac{\exp(x_i^L)}{\sum_{j=1}^{C}\exp(x_j^L)}$ $(i = 1, 2, \ldots, C)$，C 为分类任务类别数。显然，无论是回归问题还是分类问题，在计算 z 前，均需要通过合适的操作得到与 $\boldsymbol{y}$ 同维度的 $\boldsymbol{x}^L$，方可正确计算样本预测的损失/误差值。有关不同损失函数的对比请参见本书2.7节。

1.3 前馈运算

无论是在训练模型时计算误差还是在模型训练完毕后获得样本预测，卷积神经网络的前馈（feed-forward）运算都较直观。同样以图像分类任务为例，假设网络已训练完毕，即其中参数 $\boldsymbol{\omega}^1, \ldots, \boldsymbol{\omega}^{L-1}$ 已收敛到某最优解，此时可用此网络进行图像类别预测。预测过程实际就是一次网络的前馈运算：将测试集图像作为网络输入 $\boldsymbol{x}^1$ 送进网络，之后经过第一层操作 $\boldsymbol{\omega}^1$ 可得 $\boldsymbol{x}^2$，如此下去……直至输出 $\boldsymbol{x}^L \in \mathbb{R}^C$。上一节提到，$\boldsymbol{x}^L$ 是与真实标记同维度的向量。在利用交叉熵损失函数训练后得到的网络中，$\boldsymbol{x}^L$ 的每一维可表示 $\boldsymbol{x}^1$ 分别隶属 C 个类别的后验概率。如此，可通过 $\arg\max_i x_i^L$ 得到输入图像 $\boldsymbol{x}^1$ 对应的预测标记。

1.4 反馈运算

同其他许多机器学习模型（支持向量机等）一样，卷积神经网络，包括其他所有深度学习模型都依赖最小化损失函数来学得模型参数，即最小化式1.1中的 z。不过需指出的是，从凸优化理论来看，神经网络模型不仅是非凸（non-convex）函数而且异常复杂，这便造成优化求解的困难。在该情形下，深度学习模型采用随机梯度下降法（Stochastic Gradient Descent，SGD）和误差反向传播（error back propogation）进行模型参数更新。有关随机梯度下降法详细内容可参见附录B。

具体来讲，在卷积神经网络求解时，特别是针对大规模应用问题（如 ILSVRC 分类或检测任务），常采用批处理的随机梯度下降法（mini-batch SGD）。批处理的随机梯度下降法在训练模型阶段随机选取 n 个样本作为一批（batch）样本，先通过前馈运算做出预测并计算其误差，后通过梯度下降法更新参数，梯度从后往前逐层反馈，直至更新到网络的第一层参数，这样的一个参数更新过程称为“批处理过程”（mini-batch）。不同批处理之间按照无放回抽样遍历所有训练集样本，遍历一次训练样本称为“一轮”（epoch[①]）。其中，批处理样本的大小（batch size）不宜设置得过小。过小时（如 batch size 为 1、2 等），由于样本采样随机，那么基于该样本的误差更新模型参数不一定在全局上最优（此时仅为局部最优更新），这会使得训练过程产生振荡。而批处理大小的上限则主要受到硬件资源的限制，如 GPU 显存大小。一般而言，批处理大小设为 32、64、128 或 256 即可。当然在随机梯度下降更新参数时，还有不同的参数更新策略，具体可参见第11章有关内容。

下面我们来看误差反向传播的详细过程。按照第1.2节的记号，假设某批处理前馈后得到 n 个样本上的误差为 z，且 $\mathcal{L}$ 表示最后一层的损失函数，则易得：

$$\frac{\partial z}{\partial \boldsymbol{\omega}^L} = 0 \tag{1.2}$$

$$\frac{\partial z}{\partial \boldsymbol{x}^L} = \frac{\partial \mathcal{L}}{\partial \boldsymbol{x}^L} \tag{1.3}$$

若 $\mathcal{L}$ 为 ℓ_2 损失函数，则 $\frac{\partial z}{\partial \boldsymbol{x}^L} = \boldsymbol{x}^L - \boldsymbol{y}$。通过上式不难发现，实际上每层操作都对应了两部分导数：一部分是误差关于第 i 层参数的导数 $\frac{\partial z}{\partial \boldsymbol{\omega}^i}$，另一部分是误差关于该层输入的导数 $\frac{\partial z}{\partial \boldsymbol{x}^i}$。其中：

① 发音应为：“埃破客”。

- **关于参数 $\boldsymbol{\omega}^i$ 的导数** $\frac{\partial z}{\partial \boldsymbol{\omega}^i}$ 用于该层参数更新

$$\boldsymbol{\omega}^i \leftarrow \boldsymbol{\omega}^i - \eta \frac{\partial z}{\partial \boldsymbol{\omega}^i}. \tag{1.4}$$

  η 是每次随机梯度下降的步长，一般随训练轮数（epoch）的增多减小，详细内容请参见11.2.2节。

- **关于输入 $\boldsymbol{x}^i$ 的导数** $\frac{\partial z}{\partial \boldsymbol{x}^i}$ 则用于误差向前层的反向传播。可将其视作最终误差从最后一层传递至第 i 层的误差信号。

下面以第 i 层参数更新为例。当误差更新信号（导数）反向传播至第 i 层时，第 $i+1$ 层的误差导数为 $\frac{\partial z}{\partial \boldsymbol{x}^{i+1}}$，第 i 层参数更新时需计算 $\frac{\partial z}{\partial \boldsymbol{\omega}^i}$ 和 $\frac{\partial z}{\partial \boldsymbol{x}^i}$ 的对应值。根据链式法则（见附录C），可得：

$$\frac{\partial z}{\partial \boldsymbol{\omega}^i} = \frac{\partial z}{\partial \boldsymbol{x}^{i+1}} \cdot \frac{\partial \boldsymbol{x}^{i+1}}{\partial \boldsymbol{\omega}^i} \tag{1.5}$$

$$\frac{\partial z}{\partial \boldsymbol{x}^i} = \frac{\partial z}{\partial \boldsymbol{x}^{i+1}} \cdot \frac{\partial \boldsymbol{x}^{i+1}}{\partial \boldsymbol{x}^i} \tag{1.6}$$

前面提到，由于在第 $i+1$ 层时已计算得到 $\frac{\partial z}{\partial \boldsymbol{x}^{i+1}}$，即式1.5和式1.6中等号右端的左项。另一方面，在第 i 层，由于 $\boldsymbol{x}^i$ 经 $\boldsymbol{\omega}^i$ 直接作用得 $\boldsymbol{x}^{i+1}$，故反向求导时亦可直接得到其偏导数 $\frac{\partial \boldsymbol{x}^{i+1}}{\partial \boldsymbol{x}^i}$ 和 $\frac{\partial \boldsymbol{x}^{i+1}}{\partial \boldsymbol{\omega}^i}$。如此，可求得式1.5和式1.6中等号左端项 $\frac{\partial z}{\partial \boldsymbol{\omega}^i}$ 和 $\frac{\partial z}{\partial \boldsymbol{x}^i}$。后根据式1.4更新该层参数，并将 $\frac{\partial z}{\partial \boldsymbol{x}^i}$ 作为该层误差传至前层，即第 $i-1$ 层，如此下去，直至更新到第 1 层，从而完成一个批处理(mini-batch) 的参数更新。基于上述反向传播算法的模型训练如算法1所示。

算法 1 反向传播算法

输入： 训练集（N 个训练样本及对应标记）$(\boldsymbol{x}_n^1, \boldsymbol{y}_n)$，$n = 1, \ldots, N$；训练轮数（epoch）$T$

输出： $\boldsymbol{\omega}^i$，$i = 1, \ldots, L$

1: **for** $t = 1 \ldots T$ **do**
2:   **while** 训练集数据未遍历完全 **do**
3:     前馈运算得到每层 $\boldsymbol{x}^i$，并计算最终误差 z;
4:     **for** $i = L \ldots 1$ **do**
5:       (a) 用式1.5反向计算第 i 层误差对该层参数的导数：$\frac{\partial z}{\partial \boldsymbol{\omega}^i}$;
6:       (b) 用式1.6反向计算第 i 层误差对该层输入数据的导数：$\frac{\partial z}{\partial \boldsymbol{x}^i}$;
7:       (c) 用式1.4更新参数：$\boldsymbol{\omega}^i \leftarrow \boldsymbol{\omega}^i - \eta \frac{\partial z}{\partial \boldsymbol{\omega}^i}$;
8:     **end for**
9:   **end while**
10: **end for**
11: **return** $\boldsymbol{\omega}^i$

当然，上述方法是通过手动书写导数并用链式法则计算最终误差对每层不同参数的梯度的，之后仍需通过代码将其实现。可见这一过程不仅烦琐，且容易出错，特别是对一些复杂操作，其导数很难求得甚至无法显式写出。针对这种情况，一些深度学习库，如 Theano 和 Tensorflow 都采用了符号微分的方法进行自动求导来训练模型。符号微分可以在编译时就计算导数的数学表示，并进一步利用符号计算方式进行优化。在实际应用时，用户只需把精力放在模型构建和前向代码书写上，不用担心复杂的梯度求导过程。不过，在此需指出的是，读者有必要对上述反向梯度传播过程加以了解，也要有能力求得正确的导数形式。

1.5 小结

§ 本章回顾了卷积神经网络自 1959 年至今的发展历程。

§ 介绍了卷积神经网络的基本结构，可将其理解为通过不同种类基本操作层的“堆叠”，将原始数据表示（raw data representation）不经任何人为干预直接映射为高层语义表示（high-level semantic representation），并实现向任务目标映射的过程——这也是为何深度学习被称作“端到端”（end-to-end）学习或作为“表示学习”（representation learning）中最重要代表的原因。

§ 介绍了卷积神经网络中的两类基本过程：前馈运算和反馈运算。神经网络模型通过前馈运算对样本进行推理（inference）和预测（prediction），通过反馈运算将预测误差反向传播并逐层更新参数，如此两种运算依次交替迭代完成模型的训练过程。

2

卷积神经网络基本部件

在了解了深度卷积神经网络的基本架构之后，本章将主要介绍卷积神经网络中的一些重要部件（或模块），正是这些部件的层层堆叠使得卷积神经网络可以直接从原始数据（raw data）中学习其特征表示并完成最终任务。

2.1 “端到端”思想

深度学习的一个重要思想即“端到端”的学习方式（end-to-end manner），属表示学习（representation learning）的一种[①]。这是深度学习区别于其他机器学习算法的最重要的一个方面。其他机器学习算法，如特征选择算法（feature selection）、分类器（classifier）算法、集成学习（ensemble learning）算法等，均假设样本特征表示是给定的，并在此基础上设计具体的机器学习算法。在深度学习时代之前，样本表示基本都使用人工特征（hand-crafted feature），但“巧妇难为无米之炊”，人工特征的优劣往往在很大程度上决定

[①] 表示学习（representation learning）是一个广泛的概念，并不特指深度学习。实际上在深度学习兴起之前，就有不少关于表示学习的研究，如“词包”模型（bag-of-word model）和浅层自动编码机（shallow autoencoders）等。

了最终的任务精度。这样便催生了一种特殊的机器学习分支——特征工程（feature engineering）。在深度学习时代之前，特征工程在数据挖掘的工业界应用及计算机视觉应用中都是非常重要和关键的环节。

特别是在计算机视觉领域，在深度学习时代之前，针对图像、视频等对象的表示可谓“百花齐放，百家争鸣”。仅拿图像表示（image representation）举例，从表示范围可将其分为全局特征描述子（global descriptor）和局部特征描述子（local descriptor），而仅局部特征描述子就有数十种之多，如SIFT[62]、PCA-SIFT[48]、SURF[2]、HOG[13]、steerable filters[18]……同时，不同局部描述子擅长的任务又不尽相同，一些适用于边缘检测，一些适用于纹理识别，这便使得在实际应用中挑选合适的特征描述子成为一件令人头疼的事情。对此，甚至有研究者于 2004 年在相关领域国际顶级期刊 *TPAMI*（*IEEE Transactions on Pattern Analysis and Machine Intelligence*）上发表实验性综述“*A Performance Evaluation of Local Descriptors*”[66]，来系统性地理解不同局部特征描述子的作用，至今已获得近 8000 次引用。而在深度学习普及之后，人工特征已逐渐被表示学习根据任务自动需求“学到”的特征表示所取代[①]。

更重要的是，过去解决一个人工智能问题（以图像识别为例）往往通过分治法将其分解为预处理、特征提取与选择、分类器设计等若干步骤。分治法的动机是将图像识别的母问题分解为简单、可控且清晰的若干小的子问题。不过在分步解决子问题时，尽管可在子问题上得到最优解，但在子问题上的最优并不意味着就能得到全局问题的最优解。对此，深度学习则为我们提供了另一种范式（paradigm），即“端到端”的学习方式，其在整个学习流程中并不进行人为的子问题划分，而是完全交给深度学习模型直接

[①] 笔者曾有幸于 2013 年在北京与深度学习领域巨头 Yoshua Bengio 共进晚餐，当时深度学习并不像如今这样在诸多领域占据“统治地位”，倒更像一股“星星之火”。席间，笔者曾问 Yoshua：“你觉得今后深度学习与人工特征方面的研究是怎样一种关系？”Yoshua 几乎没有思考，回答坚定且自信，只有一词：“Replace!”

学得从原始输入到期望输出的映射。相比分治策略，“端到端”的学习方式具有协同增效的优势，有更大可能获得全局最优解。

如图2-1所示，对于深度模型，其输入数据是未经任何人为加工的原始样本形式，后续则是堆叠在输入层上的众多操作层。这些操作层整体可被看作一个复杂的函数 f_{CNN}，最终损失函数由数据损失（data loss）和模型参数的正则化损失（regularization loss）共同组成，深度模型的训练则在最终损失驱动下对模型进行参数更新并将误差反向传播至网络各层。模型的训练过程可以简单抽象为从原始数据向最终目标的直接“拟合”，而中间的这些部件正起到了将原始数据映射为特征（即特征学习），随后再映射为样本标记（即目标任务，如分类）的作用。下面我们就来看看组成 f_{CNN} 的各个基本部件。

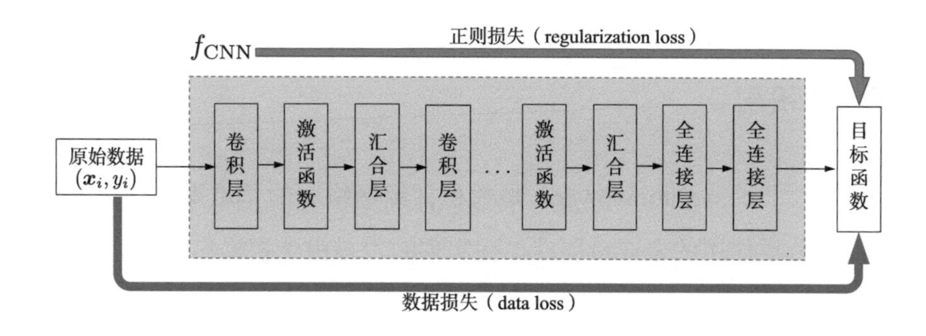

图 2-1　卷积神经网络基本流程图

2.2　网络符号定义

同上一章类似，在此用三维张量 $\boldsymbol{x}^l \in \mathbb{R}^{H^l \times W^l \times D^l}$ 表示卷积神经网络第 l 层的输入，用三元组 (i^l, j^l, d^l) 来指示该张量对应第 i^l 行、第 j^l 列、第 d^l 通道（channel）位置的元素，其中 $0 \leqslant i^l < H^l$，$0 \leqslant j^l < W^l$，$0 \leqslant d^l < D^l$，如图2-2所示。不过，一般在工程实践中，由于采用了 mini-batch（批处理）

训练策略，网络第 l 层输入通常是一个四维张量，即 $\boldsymbol{x}^l \in \mathbb{R}^{H^l \times W^l \times D^l \times N}$，其中 N 为 mini-batch 每一批的样本数。

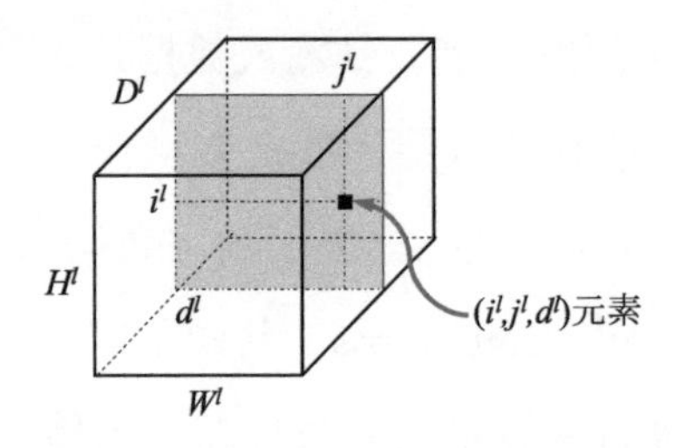

图 2-2 卷积神经网络第 l 层输入 $\boldsymbol{x}^l$ 示意图

以 $N=1$ 为例，$\boldsymbol{x}^l$ 经过第 l 层操作处理后可得 $\boldsymbol{x}^{l+1}$，为了后面章节书写方便，特将此简写为 $\boldsymbol{y}$ 以作为第 l 层对应的输出，即 $\boldsymbol{y}=\boldsymbol{x}^{l+1} \in \mathbb{R}^{H^{l+1} \times W^{l+1} \times D^{l+1}}$。

2.3 卷积层

卷积层（convolution layer）是卷积神经网络中的基础操作，甚至在网络最后起分类作用的全连接层在工程实现时也是由卷积操作替代的。

2.3.1 什么是卷积

卷积运算实际上是分析数学中的一种运算方式，在卷积神经网络中通常仅涉及离散卷积的情形。下面以 $d^l=1$ 的情形为例介绍二维场景的卷积操作。

假设输入图像（输入数据）为如图2-3所示右侧的 5×5 矩阵，其对应的卷积核（亦称卷积参数，convolution kernel 或 convolution filter）为一个 3×3 的矩阵。同时，假定卷积操作时每做一次卷积，卷积核移动一个像素位置，即卷积步长（stride）为 1。

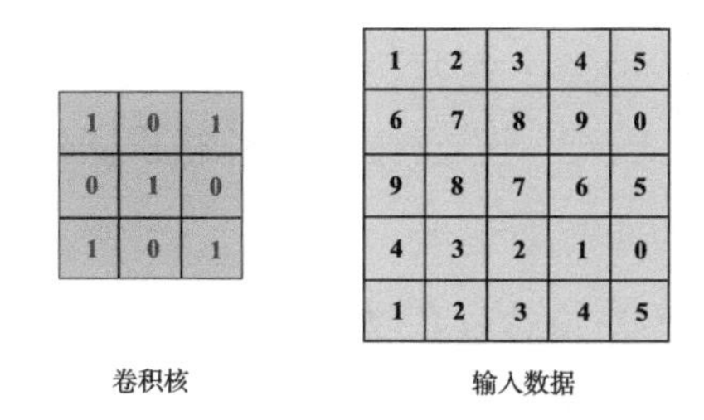

图 2-3 二维场景下的卷积核与输入数据。图左为一个 3×3 的卷积核，图右为 5×5 的输入数据

第一次卷积操作从图像 $(0,0)$ 像素开始，由卷积核中参数与对应位置图像像素逐位相乘后累加作为一次卷积操作结果，即 $1 \times 1 + 2 \times 0 + 3 \times 1 + 6 \times 0 + 7 \times 1 + 8 \times 0 + 9 \times 1 + 8 \times 0 + 7 \times 1 = 1 + 3 + 7 + 9 + 7 = 27$，如图2-4a所示。类似地，在步长为 1 时，如图2-4b~ 图2-4d所示，卷积核按照步长大小在输入图像上从左至右、自上而下依次将卷积操作进行下去，最终输出 3×3 大小的卷积特征，同时该结果将作为下一层操作的输入。

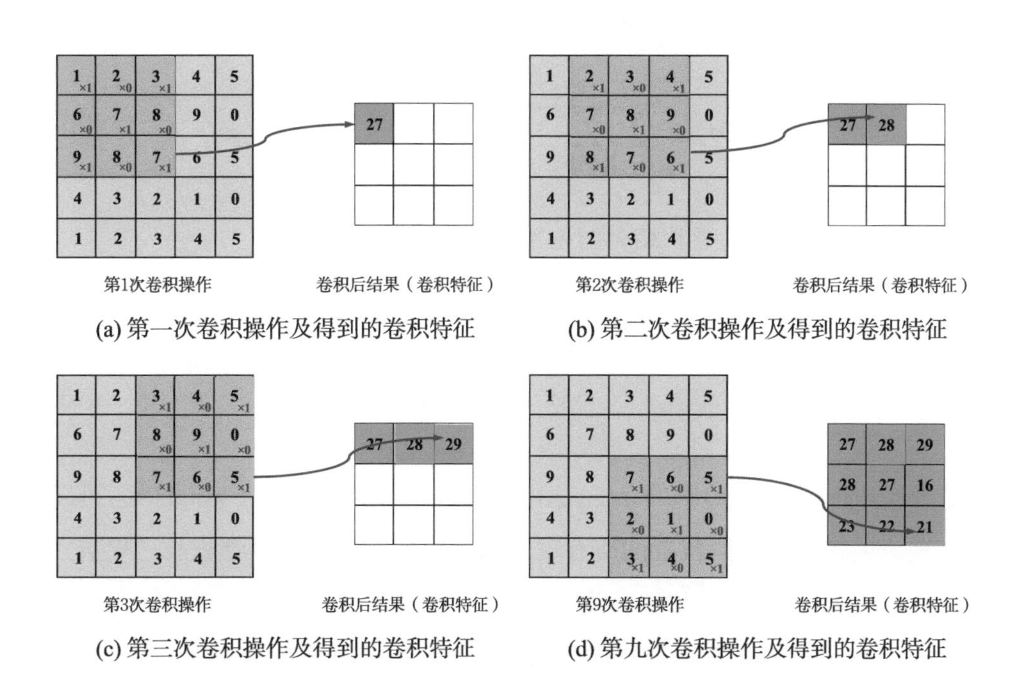

(a) 第一次卷积操作及得到的卷积特征

(b) 第二次卷积操作及得到的卷积特征

(c) 第三次卷积操作及得到的卷积特征

(d) 第九次卷积操作及得到的卷积特征

图 2-4 卷积操作示例

与之类似，若三维情形下的卷积层 l 的输入张量为 $\boldsymbol{x}^l \in \mathbb{R}^{H^l \times W^l \times D^l}$，则该层卷积核为 $\boldsymbol{f}^l \in \mathbb{R}^{H \times W \times D^l}$。在三维时卷积操作实际上只是将二维卷积扩展到了对应位置的所有通道上（即 D^l），最终将一次卷积处理的所有 HWD^l 个元素求和作为该位置卷积结果。如图2-5所示。

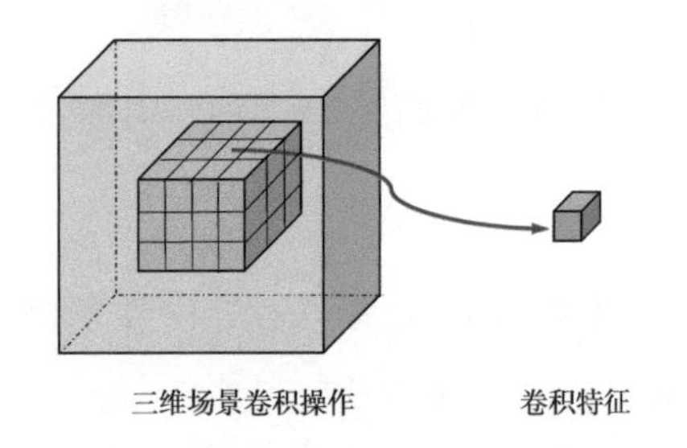

图 2-5　三维场景下的卷积核与输入数据。图左卷积核大小为 $3 \times 4 \times 3$，图右为在该位置进行卷积操作后得到的 $1 \times 1 \times 1$ 的输出结果

进一步地，若类似 $\boldsymbol{f}^l$ 这样的卷积核有 D 个，则在同一个位置上可得到 $1 \times 1 \times 1 \times D$ 维度的卷积输出，而 D 即为第 $l+1$ 层特征 $\boldsymbol{x}^{l+1}$ 的通道数 D^{l+1}。形式化的卷积操作可表示为：

$$y_{i^{l+1},j^{l+1},d} = \sum_{i=0}^{H} \sum_{j=0}^{W} \sum_{d^l=0}^{D^l} f_{i,j,d^l,d} \times x^l_{i^{l+1}+i,j^{l+1}+j,d^l}, \tag{2.1}$$

其中，(i^{l+1}, j^{l+1}) 为卷积结果的位置坐标，满足：

$$0 \leqslant i^{l+1} < H^l - H + 1 = H^{l+1}, \tag{2.2}$$

$$0 \leqslant j^{l+1} < W^l - W + 1 = W^{l+1}. \tag{2.3}$$

需要指出的是，式2.1中的 $f_{i,j,d^l,d}$ 可被视作学习到的权重（weight），可以发现该项权重对不同位置的所有输入都是相同的，这便是卷积层“权值共享”（weight sharing）特性。除此之外，通常还会在 $y_{i^{l+1},j^{l+1},d}$ 上加入偏置项（bias term）b_d。在误差反向传播时可针对该层权重和偏置项分别设置随机梯度下降的学习率。当然根据实际问题需要，也可以将某层偏置项设置为全 0，或将学习率设置为 0，以起到固定该层偏置或权重的作用。此外，在卷积操作中有两个重要的超参数（hyper parameters）：卷积核大小（filter size）和卷积步长（stride）。合适的超参数设置会给最终模型带来理想的性能提升，详细内容请参见11.1节。

2.3.2 卷积操作的作用

可以看出，卷积是一种局部操作，通过一定大小的卷积核作用于局部图像区域获得图像的局部信息。本节以三种边缘卷积核（亦可称为滤波器）来说明卷积神经网络中卷积操作的作用。如图2-6所示，我们在原图上分别作用以整体边缘滤波器、横向边缘滤波器和纵向边缘滤波器，这三种滤波器（卷积核）分别为式2.4中的 3×3 大小卷积核 K_{e}、K_{h} 和 K_{v}：

$$K_{\mathrm{e}} = \begin{bmatrix} 0 & -4 & 0 \\ -4 & 16 & -4 \\ 0 & -4 & 0 \end{bmatrix} \quad K_{\mathrm{h}} = \begin{bmatrix} 1 & 2 & 1 \\ 0 & 0 & 0 \\ -1 & -2 & -1 \end{bmatrix} \quad K_{\mathrm{v}} = \begin{bmatrix} 1 & 0 & -1 \\ 2 & 0 & -2 \\ 1 & 0 & -1 \end{bmatrix}. \tag{2.4}$$

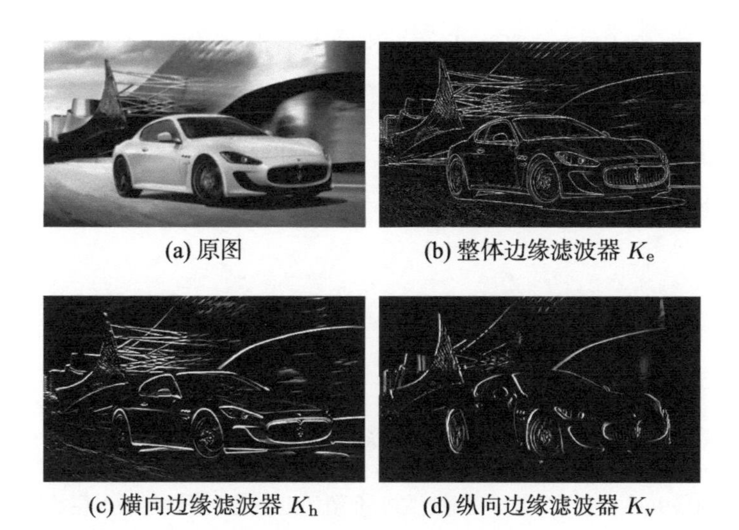

(a) 原图 (b) 整体边缘滤波器 K_{e}

(c) 横向边缘滤波器 K_{h} (d) 纵向边缘滤波器 K_{v}

图 2-6 卷积操作示例

试想，若原图像素 (x,y) 处可能存在物体边缘，则其四周 $(x-1,y)$、$(x+1,y)$、$(x,y-1)$、$(x,y+1)$ 处像素值应与 (x,y) 处有显著差异。此时，如作用以整体边缘滤波器 K_{e}，则可消除四周像素值差异小的图像区域而保留显著差异区域，以此可检测出物体边缘信息。同理，类似 K_{h} 和 K_{v}[①]的横向、纵向边缘滤波器可分别保留横向、纵向的边缘信息。

事实上，卷积网络中的卷积核参数是通过网络训练学得的，除了可以学得类似的横向、纵向边缘滤波器，还可以学得任意角度的边缘滤波器。当然，不仅如此，检测颜色、形状、纹理等众多基本模式（pattern）的滤波器（卷积核）都可以被包含在一个足够复杂的深层卷积神经网络中。通过“组合”[②]这些滤波器（卷积核）以及随着网络后续操作的进行，基本而一般的模式会逐渐被抽象为具有高层语义的“概念”表示，并以此对应到具体的样本类别。这颇有“盲人摸象”后将各自结果集大成之意。

2.4 汇合层

本节讨论第 l 层操作为汇合（pooling）[③]时的情况。通常使用的汇合操作为平均值汇合（average-pooling）和最大值汇合（max-pooling），需要指出的是，同卷积层操作不同，汇合层不包含需要学得的参数。使用时仅需指定汇合类型（average 或 max 等）、汇合操作的核大小（kernel size）和汇合操作的步长（stride）等超参数即可。

[①] 实际上，K_{h} 和 K_{v} 在数字图像处理中被称为 Sobel 操作（Sobel operator）或 Sobel 滤波器（Sobel filter）。

[②] 卷积神经网络中的“组合”操作可通过随后介绍的汇合层、非线性映射层等操作来实现。

[③] 之前的中文文献多将“Pooling”操作译为“池化”，属字面直译，含义并不直观，本书将其译作“汇合”。

2.4.1 什么是汇合

遵循上一节的记号，第 l 层汇合核可表示为 $p^l \in \mathbb{R}^{H\times W\times D^l}$。平均值（最大值）汇合在每次操作时，将汇合核覆盖区域中所有值的平均值（最大值）作为汇合结果，即：

$$\text{Average-pooling:} \quad y_{i^{l+1},j^{l+1},d} = \frac{1}{HW}\sum_{0\leqslant i<H,0\leqslant j<W} x^l_{i^{l+1}\times H+i,j^{l+1}\times W+j,d^l}, \tag{2.5}$$

$$\text{Max-pooling:} \quad y_{i^{l+1},j^{l+1},d} = \max_{0\leqslant i<H,0\leqslant j<W} x^l_{i^{l+1}\times H+i,j^{l+1}\times W+j,d^l}, \tag{2.6}$$

其中，$0\leqslant i^{l+1} < H^{l+1}$，$0\leqslant j^{l+1} < W^{l+1}$，$0\leqslant d < D^{l+1} = D^l$。

图2-7所示为 2×2 大小、步长为 1 的最大值汇合操作示例。

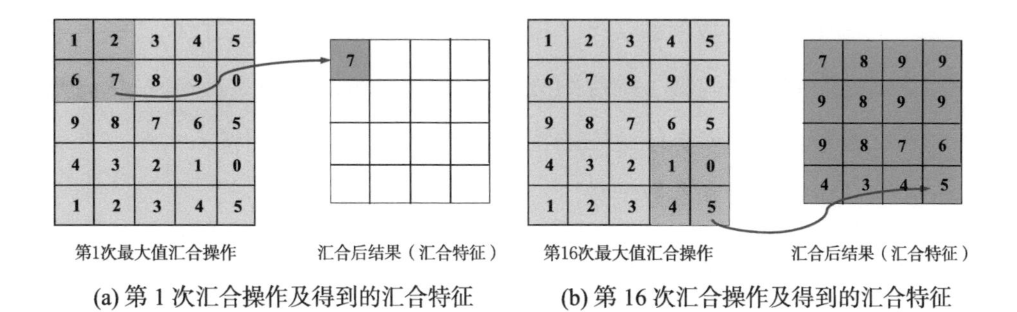

(a) 第 1 次汇合操作及得到的汇合特征　　(b) 第 16 次汇合操作及得到的汇合特征

图 2-7　最大值汇合操作示例

除了上述最常用的两种汇合操作外，随机汇合（stochastic-pooling）[94] 则介于二者之间。随机汇合操作非常简单，只需对输入数据中的元素按照一定概率值大小随机选择，其并不像最大值汇合那样永远只取那个最大值元素。对随机汇合而言，元素值大的响应（activation）被选中的概率也大，反之亦然。可以说，在全局意义上，随机汇合与平均值汇合近似；在局部意义上，则服从最大值汇合的准则。

2.4.2 汇合操作的作用

从图 2.7 所示的例子可以发现，汇合操作后的结果相比其输入减小了，其实汇合操作实际上就是一种“降采样”（down-sampling）操作。另一方面，汇合操作也被看作一个用 p-范数（p-norm）[①]作为非线性映射的“卷积”操作，特别是，当 p 趋近正无穷时其就是最常见的最大值汇合。

汇合层的引入是仿照了人的视觉系统对视觉输入对象进行降维（降采样）和抽象操作。在过去关于卷积神经网络的工作中，研究者普遍认为汇合层有如下三种功效：

1. **特征不变性（feature invariant）**。汇合操作使模型更关注是否存在某些特征而不是特征具体的位置。可将其看作一种很强的先验，使特征学习包含某种程度的自由度，能容忍一些特征微小的位移。

2. **特征降维**。由于汇合操作的降采样作用，汇合结果中的一个元素对应于原输入数据的一个子区域（sub-region），因此汇合操作相当于在空间范围内做了维度约减（spatially dimension reduction），从而使模型可以抽取更广范围的特征。同时减小了下一层输入大小，进而减少计算量和参数个数。

3. **在一定程度上防止过拟合（overfitting）**，更方便优化。

不过，汇合操作并不是卷积神经网络必需的元件或操作。近期，德国著名高校弗赖堡大学（University of Freiburg）的研究者提出，用一种特殊的卷积操作（即 stride convolutional layer）来代替汇合层实现降采样，进而构建一个只含卷积操作的网络（all convolution nets），其实验结果显示这种改造的网络可以达到甚至超过传统卷积神经网络（卷积层、汇合层交替）的分类精度 [77]。

[①] 有关 p-范数具体内容可参见附录A。

2.5 激活函数

激活函数（activation function）层又称非线性映射（non-linearity mapping）层，顾名思义，激活函数的引入为的是增加整个网络的表达能力（即非线性）。否则，若干线性操作层的堆叠仍然只能起到线性映射的作用，无法形成复杂的函数。在实际使用中，有多达十几种激活函数可供选择，有关激活函数选择和对比的详细内容请参见第8章。本节以 Sigmoid 型激活函数和 ReLU 函数为例，介绍涉及激活函数的若干基本概念和问题。

直观上，激活函数模拟了生物神经元特性：接受一组输入信号并产生输出。在神经科学中，生物神经元通常有一个阈值，当神经元所获得的输入信号累积效果超过了该阈值时，神经元就被激活而处于兴奋状态；否则处于抑制状态。在人工神经网络中，因 Sigmoid 型函数可以模拟这一生物过程，从而在神经网络发展历史进程中曾处于相当重要的地位。

Sigmoid 型函数也被称为 Logistic 函数：

$$\sigma(x) = \frac{1}{1+\exp(-x)}, \tag{2.7}$$

其函数形状如图2-8a所示。可以看出，经过 Sigmoid 型函数作用后，输出响应的值域被压缩到 $[0,1]$ 之间，而 0 对应了生物神经元的“抑制状态”，1 则恰好对应了“兴奋状态”。不过再深入地观察还能发现，在 Sigmoid 型函数两端，对于大于 5（或小于 -5）的值无论多大（或多小）都会被压缩到 1（或 0）。如此便带来一个严重问题，即梯度的“**饱和效应**”（saturation effect）。对照 Sigmoid 型函数的梯度图（见图2-8b），大于 5（或小于 -5）部分的梯度接近 0，这会导致在误差反向传播过程中，导数处于该区域的误差将很难甚至根本无法传递至前层，进而导致整个网络无法训练（导数为 0 将无法更新网络参数）。此外，在参数初始化的时候还需特别注意，要避免初始化参数直接将输出值域带入这一区域。一种可能的情形是当初始化参数过大时，将直接引发梯度饱和效应而无法训练。

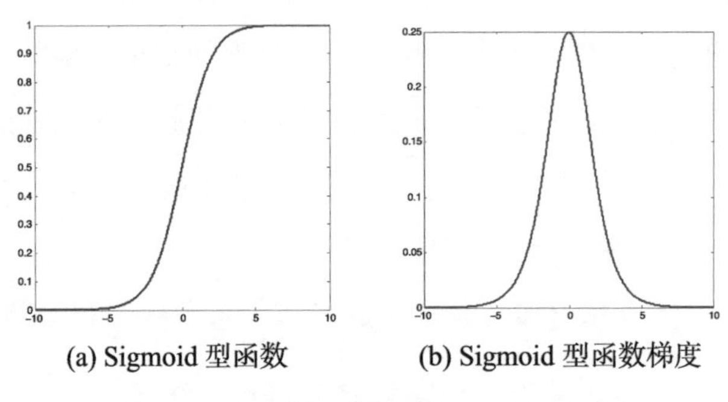

(a) Sigmoid 型函数　　(b) Sigmoid 型函数梯度

图 2-8　Sigmoid 型函数及其函数梯度

为了避免梯度饱和效应的发生，Nair 和 Hinton 于 2010 年将修正线性单元（Rectified Linear Unit，ReLU）引入神经网络 [69]。ReLU 函数是目前深度卷积神经网络中最为常用的激活函数之一。另外，根据 ReLU 函数改进的其他激活函数也展示出很好的性能（请参见第8章内容）。

ReLU 函数实际上是一个分段函数，其定义为：

$$\text{rectifier}(x) = \max\{0, x\} \tag{2.8}$$

$$= \begin{cases} x & x \geqslant 0 \\ 0 & x < 0 \end{cases}. \tag{2.9}$$

由图2-9可见，ReLU 函数的梯度在 $x \geqslant 0$ 时为 1，反之为 0。对 $x \geqslant 0$ 部分完全消除了 Sigmoid 型函数的梯度饱和效应。同时，在实验中还发现相比 Sigmoid 型函数，ReLU 函数有助于随机梯度下降方法收敛，收敛速度约快 6 倍左右 [52]。正是由于 ReLU 函数的这些优秀特性，ReLU 函数已成为目前卷积神经网络及其他深度学习模型（如递归神经网络 RNN 等）激活函数的首选之一。

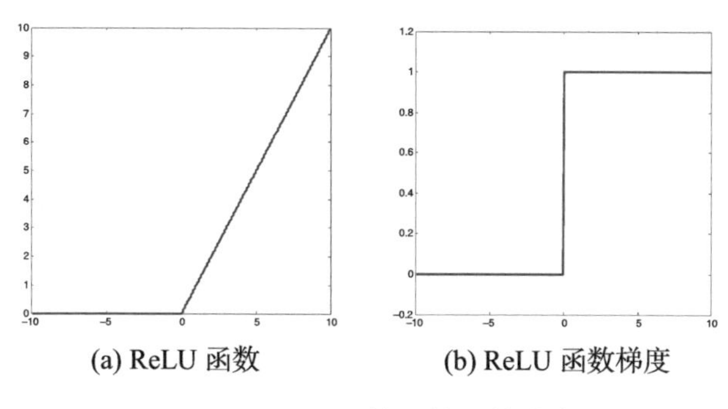

(a) ReLU 函数　　(b) ReLU 函数梯度

图 2-9　ReLU 函数及其函数梯度

2.6 全连接层

全连接层（fully connected layers）在整个卷积神经网络中起到“分类器”的作用。如果说卷积层、汇合层和激活函数层等操作是将原始数据映射到隐层特征空间的话，全连接层则起到将学到的特征表示映射到样本的标记空间的作用。在实际使用中，全连接层可由卷积操作实现：对于前层是全连接的全连接层，可以将其转化为卷积核为 1×1 的卷积；而对于前层是卷积层的全连接层，则可以将其转化为卷积核为 $h \times w$ 的全局卷积，h 和 w 分别为前层卷积输出结果的高和宽。以经典的 VGG-16 [74] 网络模型[①]为例，对于 $224 \times 224 \times 3$ 的图像输入，最后一层卷积层（指 VGG-16 中的 Pool_5）可得输出为 $7 \times 7 \times 512$ 的特征张量。若后层是一层含 4096 个神经元的全连接层，则可用卷积核为 $7 \times 7 \times 512 \times 4096$ 的全局卷积来实现这一全连接运算过程，其中该卷积核具体参数如下：

```
% The first fully connected layer
filter_size = 7; padding = 0; stride = 1;
D_in = 512; D_out = 4096;
```

① VGG-16 网络模型由英国牛津大学 VGG 实验室提出，其在 ImageNet 数据集上的预训练模型（pre-trained model）可通过以下链接下载：http://www.vlfeat.org/matconvnet/pretrained/。

经过此卷积操作后可得 1×1×4096 的输出。如需再次叠加一个含 2048 个神经元的全连接层，可设定以下参数的卷积层操作：

```
% The second fully connected layer
filter_size = 1; padding = 0; stride = 1; D_in = 4096; D_out =
2048;
```

2.7 目标函数

刚才提到，全连接层是将网络特征映射到样本的标记空间做出预测，目标函数的作用则用来衡量该预测值与真实样本标记之间的误差。在当下的卷积神经网络中，交叉熵损失函数和 ℓ_2 损失函数分别是分类问题和回归问题中最为常用的目标函数。同时，越来越多的针对不同问题特性的目标函数被提出。详细内容请参见本书第9章。

2.8 小结

§ 本章介绍了深度学习中的关键思想——“端到端”学习方式。

§ 介绍了卷积神经网络的基本部件：卷积操作、汇合操作、激活函数（非线性映射）、全连接层和目标函数。整个卷积神经网络通过这些基本部件的“有机组合”即可实现将原始数据映射到高层语义，进而得到样本预测标记的功能。下一章将介绍卷积神经网络结构中的几个重要概念以及如何对这些部件进行“有机组合”。

3 卷积神经网络经典结构

上一章介绍了卷积神经网络中几种基本部件：卷积、汇合、激活函数、全连接层和目标函数。虽说卷积神经网络模型就是这些基本部件的按序层叠，可“纸上得来终觉浅”，在实践中究竟如何“有机组合”才能让模型工作并发挥效能呢？本章首先介绍卷积网络结构中的三个重要概念，并以四类典型的卷积神经网络模型为例做案例分析。

3.1 CNN 网络结构中的重要概念

3.1.1 感受野

感受野（receptive field）原指听觉、视觉等神经系统中一些神经元的特性，即神经元只接受其所支配的刺激区域内的信号。在视觉神经系统中，视觉皮层中神经细胞的输出依赖于视网膜上的光感受器。当光感受器受刺激兴奋时，会将神经冲动信号传导至视觉皮层。不过需要指出的是，并不是所有神经皮层中的神经元都会接受这些信号，如1.1节我们提到的一样，正是由于感受野等功能结构在猫的视觉中枢中被发现，催生了福岛邦彦的带卷积和子采样操作的多层神经网络。

而现代卷积神经网络中的感受野又是怎样一回事呢？下面我们慢慢道来。先以单层卷积操作为例（见图3-1a），该示例是一个 7×7，步长为 1 的卷积操作，对后层的每一个输出神经元（如紫色区域）来说，它的前层感受野即为黄色区域，可以发现这与神经系统的感受野定义大同小异。不过，由于现代卷积神经网络拥有多层甚至超多层卷积操作，随着网络深度的加深，后层神经元在第一层输入层的感受野会随之增大。如图3-1b所示为 3×3，步长为 1 的卷积操作，同单层卷积操作一样，相邻两层中后层神经元在前层的感受野仅为 3×3，但随着卷积操作的叠加，第 $L+3$ 层的神经元在第 L 层的感受野可扩增至 7×7。

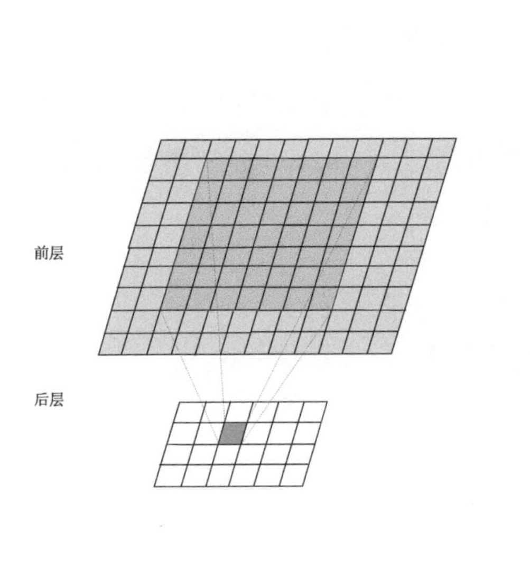

(a) 单层卷积中后层神经元对应的前层感受野（黄色区域）。图中卷积核大小为 7×7，步长为 1

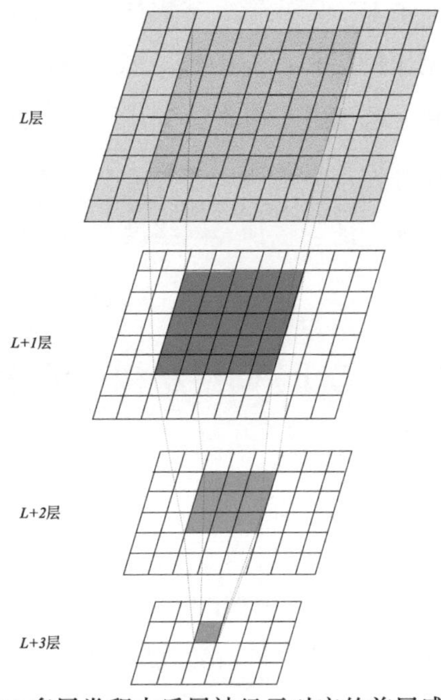

(b) 多层卷积中后层神经元对应的前层感受野（黄色区域）。图中卷积核大小为 3×3，步长为 1

图 3-1　感受野映射关系示例

也就是说，小卷积核（如 3×3）通过多层叠加可取得与大卷积核（如 7×7）同等规模的感受野。此外采用小卷积核可带来其余两个优势：第一，由于小卷积核需多层叠加，因此加深了网络深度进而增大了网络容量（model capacity）和复杂度（model complexity）；第二，增大网络容量的同时减少了参数个数。若假设上述示例中卷积核对应的输入、输出特征张量的深度均为 C，则 7×7 卷积核对应参数有 $C \times (7 \times 7 \times C) = 49C^2$ 个。而三层 3×3 卷积核堆叠只需三倍于单层 3×3 卷积核个数的参数，即 $3 \times [C \times (3 \times 3 \times C)] = 27C^2$，远小于 7×7 卷积核的参数个数。

此外，需指出的是，目前已有不少研究工作为提升模型预测能力，通过改造现有卷积操作试图扩大原有卷积核在前层的感受野大小，或使原始感受野不再是矩形区域而是更自由可变的形状。对以上内容感兴趣的读者可参考“扩张卷积操作”（dilated convolution）[92] 和“可变卷积网络”（deformable convolutional networks）[12]。

3.1.2 分布式表示

众所周知，深度学习相比之前机器学习方法的独到之处是其表示学习部分。但仍需强调，深度学习只是表示学习（representation learning）的一种。在深度学习兴起之前，就有不少关于表示学习的研究，其中在计算机视觉中比较著名的就是“词包”模型（bag-of-word model）。词包模型源自自然语言处理领域，在计算机视觉中，人们通常将图像局部特征作为一个视觉单词（visual word），将所有图像的局部特征作为词典（vocabulary），那么一张图像就可以用它的视觉单词来描述，而这些视觉单词又可以通过词典的映射形成一条表示向量（representation vector）。很显然，这样的表示是离散式表示（distributional representation），其表示向量的每个维度可以对应一个明确的视觉模式（pattern）或概念（concept）。词包模型示意图如图3-2所示。

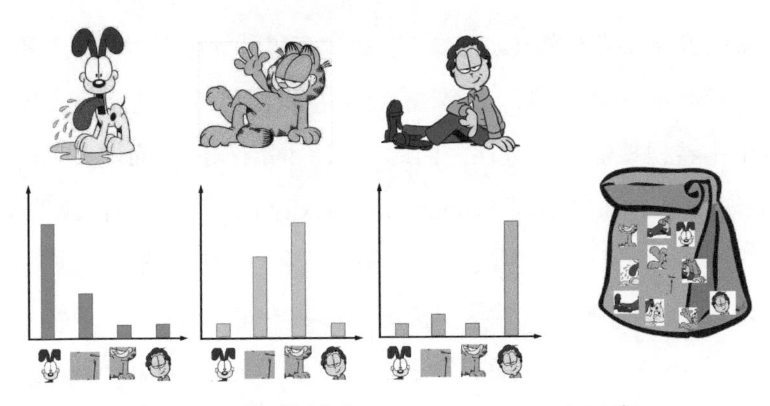

图 3-2 词包模型（bag-of-word model）示意

不同的是，在深度学习中，深度卷积神经网络呈现“分布式表示”（distributed representation）[4, 37] 的特性。神经网络中的“分布式表示”指“语义概念”（concept）到神经元（neuron）是一个多对多映射，直观来讲，即**每个语义概念由许多分布在不同神经元中被激活的模式（pattern）表示；而每个神经元又可以参与到许多不同语义概念的表示中去**。

举个例子，如图3-3所示，将一些物体为中心的图像（object-centric images）送入在 ImageNet 数据集 [73] 上预训练（pre-train）的卷积网络[①]，若输入图像分辨率为 224×224，则最后一层汇合层（pool_5）可得 $7 \times 7 \times 512$ 大小的响应张量（activation tensor），其中“512”对应了最后一层卷积核的个数，512 个卷积核对应了 512 个不同的卷积结果（512 个特征图或称“通道”）。在可视化时，对于“鸟”或“狗”这组图像，我们分别从 512 张 7×7 的特征图（feature map）中随机选取相同的 4 张，并将特征图与对应原图叠加，即可得到有高亮部分的可视化结果。从图中可明显发现并证实神经网络中的分布式表示特性。以鸟类这组图像为例，对上、下两张“鸟”的图像，即使是同一卷积核（第 108 个卷积核），但其在不同原图中响应（activate）的区域可谓大相径庭：对上图，其响应在鸟爪部位；对下图，其响应却在

[①] 在此以 VGG-16[74] 为例，其预训练模型可由以下链接访问：http://www.vlfeat.org/matconvnet/pretrained/。

三个角落即背景区域。关于第三个随机选取的特征图（对应第 375 个卷积核），对上图其响应位于头部区域，对下图则响应在躯干部位。更有甚者，同一卷积核（第 284 个卷积核）对下图响应在躯干，而对上图却毫无响应。这也就证实了：对于某个模式，如鸟的躯干，会有不同卷积核（其实就是神经元）产生响应；同时对于某个卷积核（神经元），会在不同模式上产生响应，如躯干和头部。另外，需要指出的是，除了分布式表示特性，还可从图中发现，神经网络响应的区域多呈现“稀疏”（sparse）特性，即响应区域集中且占原图比例较小。

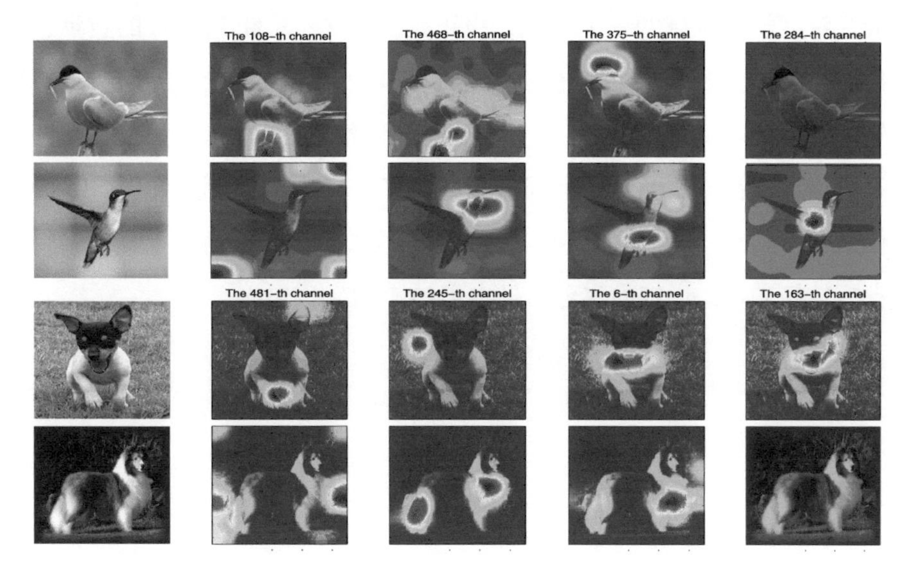

图 3-3　卷积神经网络的分布式表示特性

3.1.3　深度特征的层次性

上一节我们讨论了在同一层的神经元的特性，本节介绍不同层神经元的表示特点，即深度特征的层次性。之前提到，卷积操作可获取图像区域不同类型的特征，而汇合等操作可对这些特征进行融合和抽象，随着若干卷积、汇合等操作的堆叠，从各层得到的深度特征逐渐从泛化特征（如边缘、纹理等）过渡到高层语义表示（躯干、头部等模式）。

2014 年，Zeiler 和 Fergus[95] 曾利用反卷积技术 [96] 对卷积神经网络（[96] 中以 Alex-Net[52] 为例）特征进行可视化，洞察了卷积网络的诸多特性，其中之一即是层次性。如图3-4所示，可以发现，浅层卷积核学到的是基本模式，如第一层中的边缘、方向和第二层的纹理等特征表示。随着网络的加深，较深层（例如从第三层开始）除了出现一些泛化模式外，也开始出现了一些高层语义模式，如“车轮”、“文字”和“人脸”形状的模式。直到第五层，更具有分辨能力的模式被卷积网络所捕获……以上的这些观察就是深度网络中特征的层次性。值得一提的是，目前深度特征的层次性已成为深度学习领域的一个共识，也正是由于 Zeiler 和 Fergus 的贡献，该工作 [96] 被授予欧洲计算机视觉大会 ECCV 2014①最佳论文提名奖，短短几年间引用已逾 1700 次。另外，由于卷积网络特征的层次特性使得不同层特征可信息互补，故此对单个网络模型而言，“多层特征融合”（multi-layer ensemble）往往是一种很直接且有效的网络集成技术，其对于提高网络精度通常有较好表现，详细内容可参见本书13.2.1节。

① 计算机视觉领域公认的三大顶级国际会议：“国际计算机视觉和模式识别大会”（Computer Vision and Pattern Recognition，CVPR）、“国际计算机视觉大会”（International Conference on Computer Vision，ICCV）和“欧洲计算机视觉大会”（European Conference on Computer Vision，ECCV）。其中 CVPR 每年一届，ICCV 和 ECCV 两年一届交替举办。另外，计算机视觉领域的一些顶级期刊包括：*IEEE Transactions on Pattern Analysis and Machine Intelligence*（*TPAMI*）、*International Journal of Computer Vision*（*IJCV*）和 *IEEE Transactions on Image Processing*（*TIP*）等。

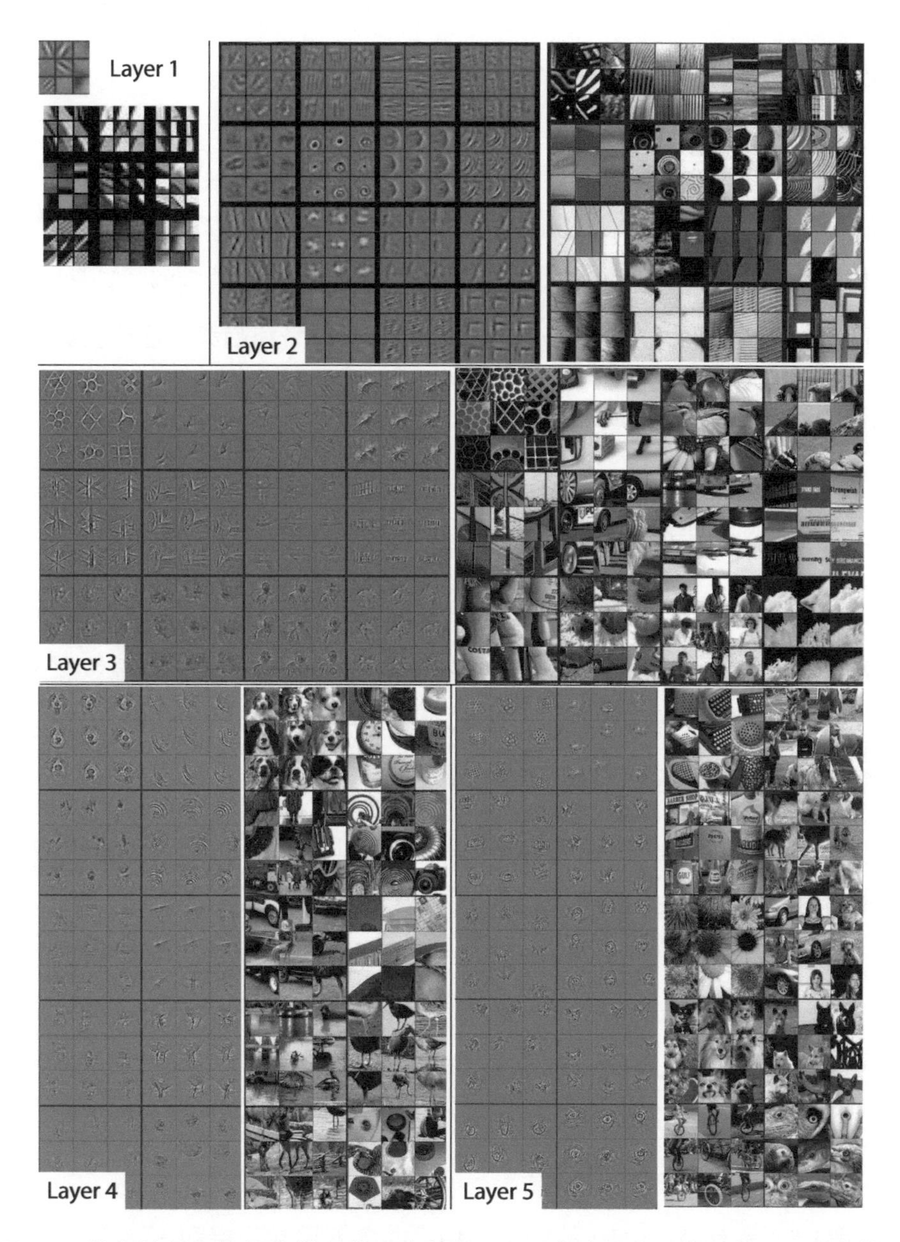

图 3-4 卷积神经网络深度特征的层次特性 [95]。在该图中，由于第一层卷积核相对较大，可对第一层学到的卷积核直接可视化。而深层的卷积核往往很小，直接可视化效果不佳，因此对第 2~5 层的可视化做以下处理：在验证集图像中，将响应最大的前 9 个卷积核利用反卷积技术投影到像素空间，以此完成后面深层卷积层参数的可视化

3.2 经典网络案例分析

本节将以 Alex-Net[52]、VGG-Nets[74]、Network-In-Network[67] 和深度残差网络 [36]（residual network）为例，分析几类经典的卷积神经网络案例。在此请读者注意，此处的分析比较并不是不同网络模型精度的“较量”，而是希望读者体会卷积神经网络自始至今的发展脉络和趋势，这样会更有利于对卷积神经网络的理解，进而举一反三，提高解决真实问题的能力。

3.2.1 Alex-Net 网络模型

Alex-Net[52] 是计算机视觉领域中首个被广泛关注并使用的卷积神经网络，特别是 Alex-Net 在 2012 年 ImageNet 竞赛 [73] 中以超越第二名 10.9 个百分点的优异成绩一举夺冠，从而打响了卷积神经网络乃至深度学习在计算机视觉领域中研究热潮的“第一枪”。

Alex-Net 由加拿大多伦多大学的 Alex Krizhevsky、Ilya Sutskever（G. E. Hinton 的两位博士生）和 Geoffrey E. Hinton 提出，网络名“Alex-Net”即取自第一作者名。关于 Alex-Net 还有一则八卦：由于 Alex-Net 划时代的意义，并由此开启了深度学习在工业界的应用。2015 年 Alex 和 Ilya 两位作者连同“半个”Hinton 被 Google 重金（据传高达 3500 万美金）收买。但为何说“半个”Hinton？只因当时 Hinton 只是花费一半时间在 Google 工作，而另一半时间仍然留在多伦多大学。

图3-5所示是 Alex-Net 的网络结构，共含五层卷积层和三层全连接层。其中，Alex-Net 的上下两支是为方便同时使用两片 GPU 并行训练，不过在第三层卷积和全连接层处上、下两支信息可交互。由于两支网络完全一致，在此仅对其中一支进行分析。表3-1列出了 Alex-Net 网络的架构及具体参数。对比1.1节提到的 LeNet 可以发现，单在网络结构或基本操作模块方面，

Alex-Net 的改进非常微小，构建网络的基本思路变化不大，仅在网络深度、复杂度上有较大优势。

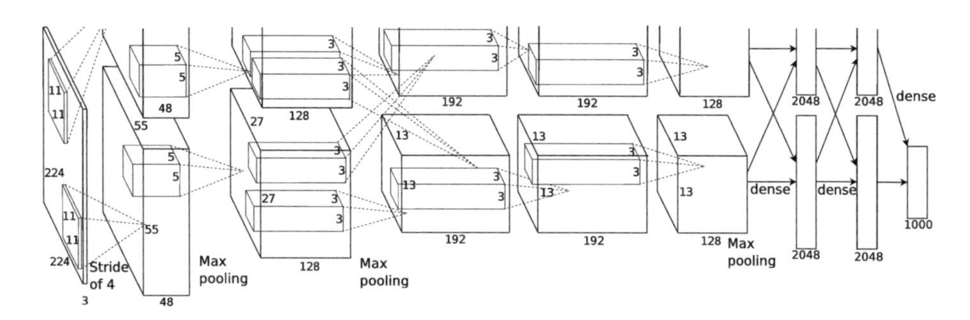

图 3-5 Alex-Net 网络结构 [52]

表 3-1 Alex-Net 网络架构及参数

	操作类型	参数信息	输入数据维度	输出数据维度
1	卷积操作	$f=11; s=4; d=96$	$227\times227\times3$	$55\times55\times96$
2	ReLU	–	$55\times55\times96$	$55\times55\times96$
3	最大值汇合操作	$f=3; s=2$	$55\times55\times96$	$27\times27\times96$
4	LRN 规范化	$k=2; n=5; \alpha=10^{-4}; \beta=0.75$	$27\times27\times96$	$27\times27\times96$
5	卷积操作	$f=5; p=2; s=1; d=256$	$27\times27\times96$	$27\times27\times256$
6	ReLU	–	$27\times27\times256$	$27\times27\times256$
7	最大值汇合操作	$f=3; s=2$	$27\times27\times256$	$13\times13\times256$
8	LRN 规范化	$k=2; n=5; \alpha=10^{-4}; \beta=0.75$	$13\times13\times256$	$13\times13\times256$
9	卷积操作	$f=3; p=1; s=1; d=384$	$13\times13\times256$	$13\times13\times384$
10	ReLU	–	$13\times13\times384$	$13\times13\times384$
11	卷积操作	$f=3; p=1; s=1; d=384$	$13\times13\times384$	$13\times13\times384$
12	ReLU	–	$13\times13\times384$	$13\times13\times384$
13	卷积操作	$f=3; p=1; s=1; d=256$	$13\times13\times384$	$13\times13\times256$
14	ReLU	–	$13\times13\times256$	$13\times13\times256$
15	最大值汇合操作	$f=3; s=2$	$13\times13\times256$	$6\times6\times256$
16	全连接层	$f=6; s=1; d=4096$	$6\times6\times256$	$1\times1\times4096$
17	ReLU	–	$1\times1\times4096$	$1\times1\times4096$

（续表）

	操作类型	参数信息	输入数据维度	输出数据维度
18	随机失活	$\delta = 0.5$	$1 \times 1 \times 4096$	$1 \times 1 \times 4096$
19	全连接层	$f = 1; s = 1; d = 4096$	$1 \times 1 \times 4096$	$1 \times 1 \times 4096$
20	ReLU	–	$1 \times 1 \times 4096$	$1 \times 1 \times 4096$
21	随机失活	$\delta = 0.5$	$1 \times 1 \times 4096$	$1 \times 1 \times 4096$
22	全连接层	$f = 1; s = 1; d = C$	$1 \times 1 \times 4096$	$1 \times 1 \times C$
23	损失函数层	Softmax loss	$1 \times 1 \times C$	–
其中，f 为卷积核 / 汇合核大小，s 为步长，d 为该层卷积核个数（通道数），p 为填充参数，δ 为随机失活的失活率，C 为分类任务类别数（如在 ImageNet 数据集上为 1000），k、n、α、β 为局部响应规范化（Local Response Normalization，LRN）操作的参数。（注：各层输出数据维度可能因所使用深度学习开发工具的不同而略有差异。）				

不过仍需指出 Alex-Net 的几点重大贡献，正因如此，Alex-Net 方可在整个卷积神经网络甚至连接主义机器学习发展进程中占据里程碑式的地位。

1. Alex-Net 首次将卷积神经网络应用于计算机视觉领域的海量图像数据集 ImageNet[73]（该数据集共计 1000 类图像，图像总数约 128 多万张），揭示了卷积神经网络拥有强大的学习能力和表示能力。另一方面，海量数据同时也使卷积神经网络免于过拟合。可以说二者相辅相成，缺一不可。自此便引发了深度学习，特别是卷积神经网络在计算机视觉领域中“井喷”式的研究。

2. 利用 GPU 实现网络训练。在上一轮神经网络研究热潮中，由于计算资源发展受限，研究者无法借助更加高效的计算手段（如 GPU），这也较大程度地阻碍了当时神经网络的研究进程。“工欲善其事，必先利其器”，在 Alex-Net 中，研究者借助 GPU 将原本需数周甚至数月的网络训练过程大大缩短至 5~6 天。在揭示卷积神经网络强大能力的同时，这无疑也大大缩短了深度网络和大型网络模型开发研究的周期并降低了时间成本。缩短了迭代周期，正是得益于此，数量繁多、立意新颖的网络模型和应用才能像雨后春笋一般层出不穷。

3. 一些训练技巧的引入使“不可为”变成“可为”，甚至是“大有可为”。如 ReLU 激活函数、局部响应规范化操作、为防止过拟合而采取的数据增广（data augmentation）和随机失活（dropout）等，这些训练技巧不仅保证了模型性能，更重要的是为后续深度卷积神经网络的构建提供了范本。实际上，此后的卷积神经网络大体都遵循这一网络构建的基本思路。

有关 Alex-Net 涉及的训练技巧，本书第二部分对应章节会有系统性介绍。在此仅对局部响应规范化做以解释。

局部响应规范化（LRN）要求对相同空间位置上相邻深度（adjacent depth）的卷积结果做规范化。假设 $a_{i,j}^d$ 为第 d 个通道的卷积核在 (i,j) 位置处的输出结果（即响应），随后经过 ReLU 激活函数的作用，其局部响应规范化的结果 $b_{i,j}^d$ 可表示为：

$$b_{i,j}^d = a_{i,j}^d / \left(k + \alpha \sum_{t=\max(0,d-n/2)}^{\min(N-1,d+n/2)} \left(a_{i,j}^d\right)^2 \right)^{\beta}, \tag{3.1}$$

其中，n 指定了使用 LRN 的相邻深度卷积核数目，N 为该层所有卷积核数目。k、n、α、β 等为超参数，需通过验证集进行选择，在原始 Alex-Net 中这些参数的具体赋值如表3-1所示。使用 LRN 后，在 ImageNet 数据集上 Alex-Net 的性能分别在 top-1 和 top-5 错误率上降低了 1.4% 和 1.2%；此外，一个四层的卷积神经网络使用 LRN 后，在 CIFAR-10 数据上的错误率也从 13% 降至 11%[52]。

LRN 目前已经作为各个深度学习工具箱的标准配置，将 k、n、α、β 等超参数稍做改变即可实现其他经典规范化操作。如当“$k=0$，$n=N$，$\alpha=1$，$\beta=0.5$”时便是经典的 ℓ_2 规范化：

$$b_{i,j}^d = a_{i,j}^d / \sqrt{\sum_d \left(a_{i,j}^d\right)^2}. \tag{3.2}$$

3.2.2 VGG-Nets 网络模型

VGG-Nets [74] 由英国牛津大学著名研究组 VGG（Visual Geometry Group）提出，是 2014 年 ImageNet 竞赛定位任务（localization task）第一名和分类任务第二名做法中的基础网络。由于 VGG-Nets 具备良好的泛化性能，因而其在 ImageNet 数据集上的预训练模型（pre-trained model）被广泛应用于除最常用的特征抽取（feature extractor）[7, 20] 外的诸多问题，如物体候选框（object proposal）生成 [26]、细粒度图像定位与检索（fine-grained object localization and image retrieval）[84]、图像协同定位（co-localization）[85] 等。

以 VGG-Nets 中的代表 VGG-16 为例，表3-2列出了其每层具体参数信息。可以发现，相比 Alex-Net，VGG-Nets 中普遍使用了小卷积核以及11.1.2节提到的“保持输入大小”等技巧，为的是在增加网络深度（即网络复杂度）时确保各层输入大小随深度增加而不急剧减小。同时，网络卷积层的通道数（channel）也从 $3 \to 64 \to 128 \to 256 \to 512$ 逐渐增加。

表 3-2　VGG-16 网络架构及参数

	操作类型	参数信息	输入数据维度	输出数据维度
1	卷积操作	$f = 3; p = 1; s = 1; d = 64$	$224 \times 224 \times 3$	$224 \times 224 \times 64$
2	ReLU	–	$224 \times 224 \times 64$	$224 \times 224 \times 64$
3	卷积操作	$f = 3; p = 1; s = 1; d = 64$	$224 \times 224 \times 64$	$224 \times 224 \times 64$
4	ReLU	–	$224 \times 224 \times 64$	$224 \times 224 \times 64$
5	最大值汇合操作	$f = 2; s = 2$	$224 \times 224 \times 64$	$112 \times 112 \times 64$
6	卷积操作	$f = 3; p = 1; s = 1; d = 128$	$112 \times 112 \times 64$	$112 \times 112 \times 128$
7	ReLU	–	$112 \times 112 \times 128$	$112 \times 112 \times 128$
8	卷积操作	$f = 3; p = 1; s = 1; d = 128$	$112 \times 112 \times 128$	$112 \times 112 \times 128$

（续表）

	操作类型	参数信息	输入数据维度	输出数据维度
9	ReLU	–	$112 \times 112 \times 128$	$112 \times 112 \times 128$
10	最大值汇合操作	$f = 2; s = 2$	$112 \times 112 \times 128$	$56 \times 56 \times 128$
11	卷积操作	$f = 3; p = 1; s = 1; d = 256$	$56 \times 56 \times 128$	$56 \times 56 \times 256$
12	ReLU	–	$56 \times 56 \times 256$	$56 \times 56 \times 256$
13	卷积操作	$f = 3; p = 1; s = 1; d = 256$	$56 \times 56 \times 256$	$56 \times 56 \times 256$
14	ReLU	–	$56 \times 56 \times 256$	$56 \times 56 \times 256$
15	卷积操作	$f = 3; p = 1; s = 1; d = 256$	$56 \times 56 \times 256$	$56 \times 56 \times 256$
16	ReLU	–	$56 \times 56 \times 256$	$56 \times 56 \times 256$
17	最大值汇合操作	$f = 2; s = 2$	$56 \times 56 \times 256$	$28 \times 28 \times 256$
18	卷积操作	$f = 3; p = 1; s = 1; d = 512$	$28 \times 28 \times 256$	$28 \times 28 \times 512$
19	ReLU	–	$28 \times 28 \times 512$	$28 \times 28 \times 512$
20	卷积操作	$f = 3; p = 1; s = 1; d = 512$	$28 \times 28 \times 512$	$28 \times 28 \times 512$
21	ReLU	–	$28 \times 28 \times 512$	$28 \times 28 \times 512$
22	卷积操作	$f = 3; p = 1; s = 1; d = 512$	$28 \times 28 \times 512$	$28 \times 28 \times 512$
23	ReLU	–	$28 \times 28 \times 512$	$28 \times 28 \times 512$
24	最大值汇合操作	$f = 2; s = 2$	$28 \times 28 \times 512$	$14 \times 14 \times 512$
25	卷积操作	$f = 3; p = 1; s = 1; d = 512$	$14 \times 14 \times 512$	$14 \times 14 \times 512$
26	ReLU	–	$14 \times 14 \times 512$	$14 \times 14 \times 512$
27	卷积操作	$f = 3; p = 1; s = 1; d = 512$	$14 \times 14 \times 512$	$14 \times 14 \times 512$
28	ReLU	–	$14 \times 14 \times 512$	$14 \times 14 \times 512$
29	卷积操作	$f = 3; p = 1; s = 1; d = 512$	$14 \times 14 \times 512$	$14 \times 14 \times 512$
30	ReLU	–	$14 \times 14 \times 512$	$14 \times 14 \times 512$
31	最大值汇合操作	$f = 2; s = 2$	$14 \times 14 \times 512$	$7 \times 7 \times 512$
32	全连接层	$f = 7; s = 1; d = 4096$	$7 \times 7 \times 512$	$1 \times 1 \times 4096$
33	ReLU	–	$1 \times 1 \times 4096$	$1 \times 1 \times 4096$
34	随机失活	$\delta = 0.5$	$1 \times 1 \times 4096$	$1 \times 1 \times 4096$
35	全连接层	$f = 1; s = 1; d = 4096$	$1 \times 1 \times 4096$	$1 \times 1 \times 4096$
36	ReLU	–	$1 \times 1 \times 4096$	$1 \times 1 \times 4096$
37	随机失活	$\delta = 0.5$	$1 \times 1 \times 4096$	$1 \times 1 \times 4096$

（续表）

	操作类型	参数信息	输入数据维度	输出数据维度
38	全连接层	$f = 1; s = 1; d = C$	$1 \times 1 \times 4096$	$1 \times 1 \times C$
39	损失函数层	Softmax loss	$1 \times 1 \times C$	–
其中，f 为卷积核 / 汇合核大小，s 为步长，d 为该层卷积核个数（通道数），p 为填充参数，C 为分类任务类别数（在 ImageNet 数据集上为 1000）。（注：各层输出数据维度可能因所使用深度学习开发工具的不同而略有差异。）				

3.2.3 Network-In-Network

Network-In-Network（NIN）[67] 是由新加坡国立大学 LV 实验室提出的异于传统卷积神经网络的一类经典网络模型，它与其他卷积神经网络的最大差异是用多层感知机（多层全连接层和非线性函数的组合）替代了先前卷积网络中简单的线性卷积层，如图 3.6 所示。我们知道，线性卷积层的复杂度有限，利用线性卷积进行层间映射也只能将上层特征或输入进行“简单”的线性组合形成下层特征。而 NIN 采用了复杂度更高的多层感知机作为层间映射形式，这一方面提供了网络层间映射的一种新可能，另一方面增加了网络卷积层的非线性能力，使得上层特征可以更复杂地被映射到下层，这样的想法也被后期出现的残差网络 [36] 和 Inception[80] 等网络模型所借鉴。

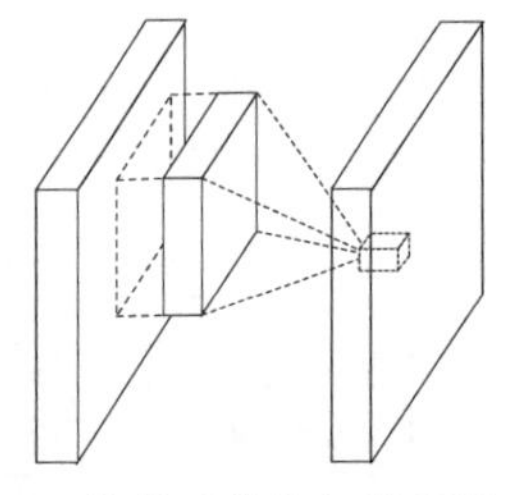

(a) 传统（线性）卷积层

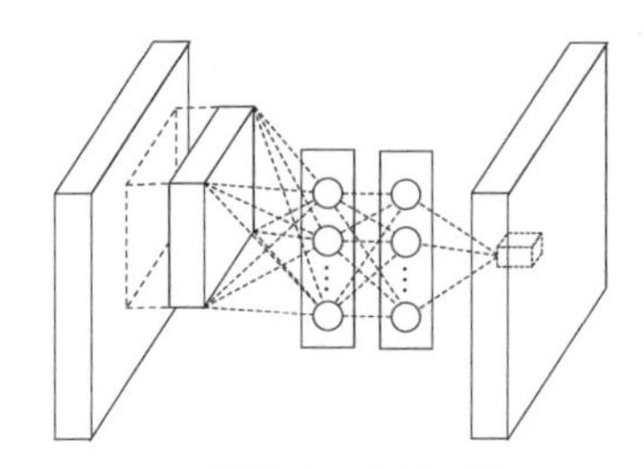

(b) 多层感知机卷积层

图 3-6　传统卷积模块（a）与 NIN 网络卷积模块（b）对比 [67]

同时，NIN 网络模型的另一个重大突破是摒弃了全连接层作为分类层的传统，转而改用全局汇合操作（global average pooling），如图3-7所示。NIN 最后一层共有 C 张特征图（feature map），分别对应分类任务的 C 个类别。全局汇合操作分别作用于每张特征图，最后将汇合结果映射到样本真实标记。可以发现，在这样的标记映射关系下，C 张特征图上的响应将很自然地分别对应到 C 个不同的样本类别，这也是相对先前卷积网络来讲，NIN 在模型可解释性上的一个优势。

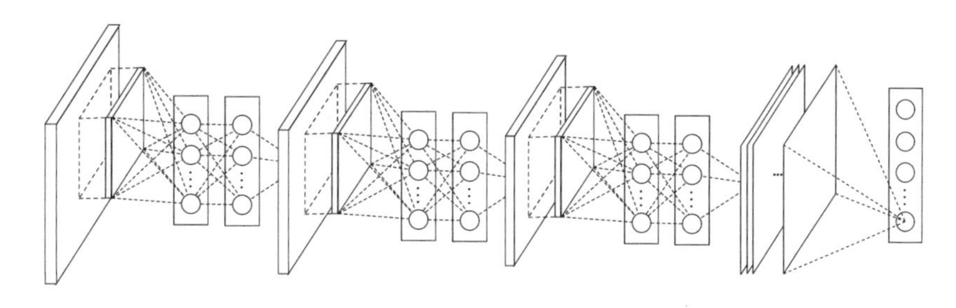

图 3-7 NIN 网络模型整体结构 [67]。此示例中的 NIN 堆叠了三个多层感知机卷积层模块和一个全局汇合操作层作为分类层

3.2.4 残差网络模型

理论和实验已经表明，神经网络的深度（depth）和宽度（width）是表征网络复杂度的两个核心因素，不过深度相比宽度在增加网络的复杂性方面更加有效，这也正是为何 VGG 网络想方设法增加网络深度的一个原因。然而，随着深度的增加，训练会变得愈加困难。这主要是因为在基于随机梯度下降的网络训练过程中，误差信号的多层反向传播非常容易引发梯度“弥散”（梯度过小会使回传的训练误差极其微弱）或者“爆炸”（梯度过大会导致模型训练出现 NaN）现象。目前，一些特殊的权重初始化策略（参见第7章）以及批规范化（batch normalization）策略 [46] 等方法使这个问题得到极大的改善——网络可以正常训练了！但是，实际情形仍不容乐观。当深度网络收敛时，另外的问题又随之而来：随着继续增加网络的深度，训练

数据的训练误差没有降低反而升高 [36, 79]，这种现象如图3-8 所示。这一观察与直觉极其不符，因为如果一个浅层神经网络可以被训练优化求解到某一个很好的解，那么它对应的深层网络至少也可以，而不是更差。这一现象在一段时间内困扰着更深层卷积神经网络的设计、训练和应用。

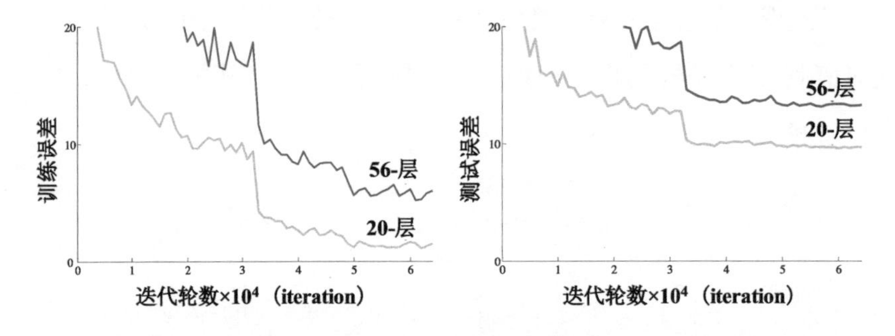

图 3-8 20 层和 56 层的常规网络在 CIFAR-10 数据集上的训练错误率（左图）和测试错误率（右图）[36]

不过很快，该方面便涌现出一个优秀的网络模型，这便是著名的残差网络（residual network）[36]。由于残差网络很好地解决了网络深度带来的训练困难的问题，因此它的网络性能（完成任务的准确度和精度）远超传统网络模型，曾在 ILSVRC 2015[①]和 COCO 2015[②]竞赛的检测、定位和分割任务中纷纷斩获第一，同时发表的残差网络的论文也获得了计算机视觉与模式识别领域国际顶级会议 CVPR 2016 的最佳论文奖。残差网络模型的出现不仅备受学界、业界瞩目，同时也拓宽了卷积神经网络研究的“道路”。介绍残差网络前，不得不提到另一个该方面的代表模型——高速公路网络（highway network）。

[①] http://image-net.org/challenges/LSVRC/2015/。

[②] http://mscoco.org/dataset/#detections-challenge2015。

高速公路网络

为克服深度增加带来的训练困难，Srivastava 等 [79] 受长短期记忆网络[①]（long short term memory network）[41] 中门（gate）机制 [25] 的启发，通过对传统的前馈神经网络修正，使得信息能够在多个神经网络层之间高效流动，这种修改后的网络也因此被称为"高速公路网络"（Highway network）。

假设某常规卷积神经网络有 L 层，其中第 i 层（$i \in 1,2,\ldots,L$）的输入为 $\boldsymbol{x}^i$，参数为 $\boldsymbol{\omega}^i$，则该层的输出 $\boldsymbol{y}^i = \boldsymbol{x}^{i+1}$。为了表述上的简单，我们忽略层数和偏置，则它们之间的关系可表示为：

$$\boldsymbol{y} = \mathcal{F}(\boldsymbol{x}, \boldsymbol{\omega}_f), \tag{3.3}$$

其中，$\mathcal{F}$ 为非线性激活函数，参数 $\boldsymbol{\omega}_f$ 的下标表明该操作对应于 $\mathcal{F}$。对于高速公路网络，$\boldsymbol{y}$ 的计算定义为：

$$\boldsymbol{y} = \mathcal{F}(\boldsymbol{x}, \boldsymbol{\omega}_f) \cdot \mathcal{T}(\boldsymbol{x}, \boldsymbol{\omega}_t) + \boldsymbol{x} \cdot \mathcal{C}(\boldsymbol{x}, \boldsymbol{\omega}_c). \tag{3.4}$$

同式3.3类似，$\mathcal{T}(\boldsymbol{x}, \boldsymbol{\omega}_t)$ 和 $\mathcal{C}(\boldsymbol{x}, \boldsymbol{\omega}_c)$ 是两个非线性变换，分别称作"变换门"和"携带门"。变换门负责控制变换的强度，携带门则负责控制原输入信号的保留强度。换句话说，$\boldsymbol{y}$ 是 $\mathcal{F}(\boldsymbol{x}, \boldsymbol{\omega}_f)$ 和 $\boldsymbol{x}$ 的加权组合，其中 $\mathcal{T}$ 和 $\mathcal{C}$ 分别控制了两项对应的权重。为了简化模型，在高速公路网络中，设置 $\mathcal{C} = 1 - \mathcal{T}$，因此公式3.4可表示为：

[①] 长短期记忆（Long Short Term Memory，LSTM）是一种时间递归神经网络（RNN），论文首次发表于 1997 年。由于独特的设计结构，LSTM 适合于处理和预测时间序列中间隔和延迟非常长的重要事件。LSTM 的表现通常比时间递归神经网络及隐马尔科夫模型（HMM）更好，比如用在不分段连续手写识别上。2009 年，用 LSTM 构建的人工神经网络模型赢得过 ICDAR 手写识别比赛冠军。LSTM 还普遍用于自主语音识别，2013 年运用 TIMIT 自然演讲数据库创造了 17.7% 错误率的纪录。作为非线性模型，LSTM 可作为复杂的非线性单元来构造更大型深度神经网络。

$$\boldsymbol{y}=\mathcal{F}(\boldsymbol{x},\boldsymbol{\omega}_f)\cdot\mathcal{T}(\boldsymbol{x},\boldsymbol{\omega}_t)+\boldsymbol{x}\cdot(1-\mathcal{T}(\boldsymbol{x},\boldsymbol{\omega}_t)). \tag{3.5}$$

由于增加了恢复原始输入的可能，这种改进后的网络层（式3.5）要比常规网络层（式3.3）更加灵活。特别地，对于特定的变换门，我们可以得到不同的输出：

$$\boldsymbol{y}=\begin{cases}\boldsymbol{x} & \mathcal{T}(\boldsymbol{x},\boldsymbol{\omega}_t)=\boldsymbol{0}\\ \mathcal{F}(\boldsymbol{x},\boldsymbol{\omega}_f) & \mathcal{T}(\boldsymbol{x},\boldsymbol{\omega}_t)=\boldsymbol{1}\end{cases}. \tag{3.6}$$

其实不难发现，当变换门为恒等映射[①]时，高速公路网络则退化为常规网络。

深度残差网络

言归正传，现在请出本节主角——残差网络（residual network）。其实，He 等人 [36] 提出的深度残差网络与高速公路网络的出发点极其相似，甚至残差网络可以被看作高速公路网络的一种特殊情况。在高速公路网络中的携带门和变换门都为恒等映射时，公式3.4可表示为：

$$\boldsymbol{y}=\mathcal{F}(\boldsymbol{x},\boldsymbol{\omega})+\boldsymbol{x}. \tag{3.7}$$

对式3.7做简单的变形，可得：

$$\mathcal{F}(\boldsymbol{x},\boldsymbol{\omega})=\boldsymbol{y}-\boldsymbol{x}. \tag{3.8}$$

也就是说，网络需要学得的函数 $\mathcal{F}$ 实际上是式3.7右端的残差项 $\boldsymbol{y}-\boldsymbol{x}$，称为“残差函数”。如图3-9所示，残差学习模块有两个分支：其一是左侧的残差函数；其二是右侧的对输入的恒等映射。这两个分支经过一个简单的

[①] 恒等映射是指集合 A 到 A 自身的映射 $\mathcal{I}$，若使得 $\mathcal{I}(x)=x$ 对于一切 $x\in A$ 成立，则这样的映射 $\mathcal{I}$ 被称为 A 上的恒等映射。

整合（对应元素的相加）后，再经过一个非线性的变换（ReLU 激活函数），最后形成整个残差学习模块。由多个残差模块堆叠而成的网络结构被称作“残差网络”。

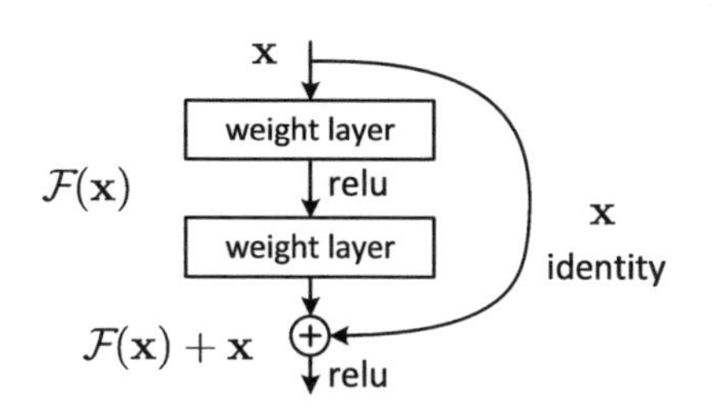

图 3-9　残差学习模块 [36]

图3-10展示了两种不同形式的残差模块。左图为刚才提到的常规残差模块，由两个 3×3 卷积堆叠而成，但是随着网络深度的进一步增加，这种残差函数在实践中并不是十分有效。右图所示为“瓶颈残差模块”（bottleneck residual block），依次由 1×1、3×3 和 1×1 三个卷积层构成，这里 1×1 卷积能够对通道数（channel）起到降维或者升维的作用，从而令 3×3 的卷积可以在相对较低维度的输入上进行，以达到提高计算效率的目的。在非常深的网络中，“瓶颈残差模块”可大幅减少计算代价。

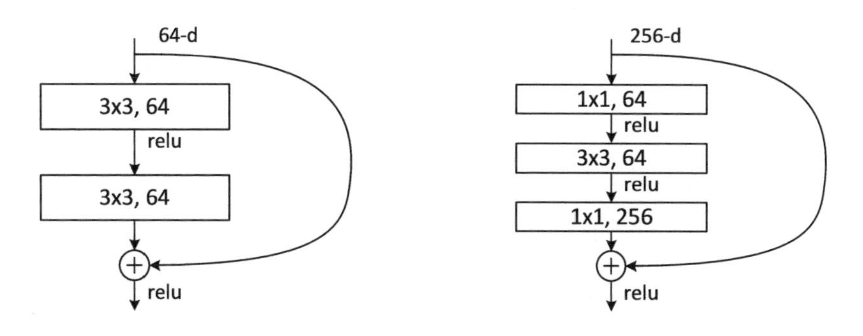

图 3-10　两种不同的残差学习模块 [36]。左图为常规的残差模块，右图为“瓶颈”残差模块

和“高速公路”网络相比，残差网络的不同点在于残差模块中的近路连接（short cut）可直接通过简单的恒等映射完成，而不需要复杂的携带门和

变换门去实现。因此，在残差函数输入、输出维度一致的情况下，残差网络不需要引入额外的参数和计算的负担。与高速公路网络相同的是，通过这种近路连接的方式，即使面对特别深层的网络，也可以通过反向传播进行端到端的学习，同时使用简单的随机梯度下降的方法就能进行训练。这主要受益于近路连接使梯度信息可以在多个神经网络层之间有效传播。

此外，将残差网络与传统的 VGG 网络模型对比（见图3-11）可以发现，若无近路连接，则残差网络实际上就是更深的 VGG 网络，只不过残差网络以全局平均汇合层（global average pooling layer）替代了 VGG 网络结构中的全连接层，这一方面使得参数大大减少，另一方面降低了过拟合风险。同时需指出，这种“利用全局平均汇合操作替代全连接层”的设计理念早在 2015 年提出的 GoogLeNet [80] 中就已经被使用。

3.3 小结

§ 本章介绍了深度卷积神经网络中的三个重要概念：神经元感受野、特征分布式表示和与网络深度相关的特征层次性。

§ 以 Alex-Net、VGG-Nets、NIN 和残差神经网络四种经典卷积神经网络为例，介绍了深度学习中卷积神经网络结构自 2012 年至今的发展变化。同时需要指出，上述模型包括其他目前应用较多的卷积网络模型的结构仍需依赖人工设计，到底何种结构才是最优模型结构尚未可知，不过已有一些研究开始着力于自动化的深度网络结构学习。相信不久的将来，机器自己设计的深层网络结构终将打败人类精心设计的网络结构。

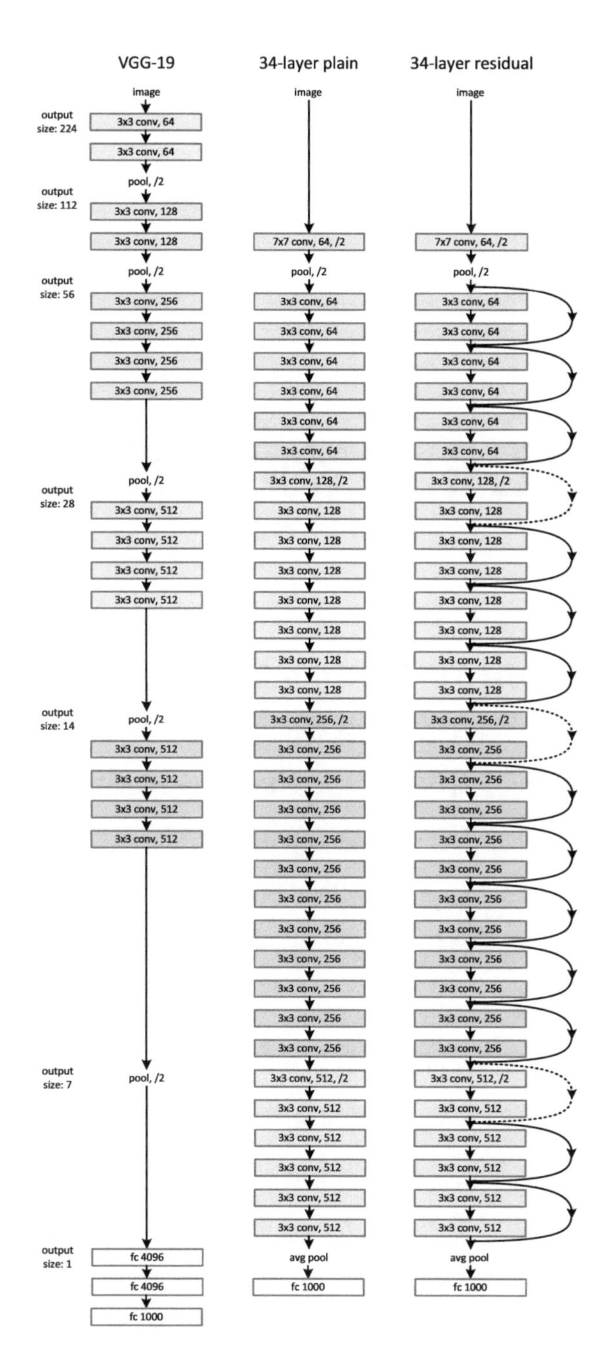

图 3-11　VGG 网络模型（VGG-19）、34 层的普通网络模型（34-layer plain）与 34 层的残差网络模型（34-layer residual）对比 [36]

4 卷积神经网络的压缩

尽管卷积神经网络在诸如计算机视觉、自然语言处理等领域均取得了极佳的效果，但其动辄过亿的参数数量却使得诸多实际应用（特别是基于嵌入式设备的应用）望而却步。以经典的 VGG-16 网络 [74] 为例，其参数数量达到了 1 亿 3 千多万，占用逾 500MB 的磁盘存储空间，需要进行 309 亿次浮点运算①（FLoating-point OPeration，FLOP）才能完成一张图像的识别任务。如此巨大的存储代价以及计算开销，严重制约了深度网络在移动端等小型设备上的应用。

虽然云计算可以将一部分计算需求转移到云端，但对于一些高实时性的计算场景，云计算的带宽、延迟和全时可用性均面临着严峻的挑战，因此无法替代本地计算。同时这些场景下的设备往往并不具备超高的计算性能。鉴于此，尽管深度学习带来了巨大的性能提升，但对于这部分实际场景却因计算瓶颈而无法得到有效应用。

① 以卷积层和全连接层的浮点运算为准，不包含其他计算开销。本书将一次向量相乘视作两次浮点运算（乘法与加法），但在部分文献中以向量相乘作为基本浮点操作，因此在数值上可能存在 2 倍的差异。

另一方面，许多研究表明，深度神经网络面临着严峻的过参数化（over-parameterization）——模型内部参数存在着巨大的冗余。如 Denil 等人 [15] 发现，只给定很小一部分的参数子集（约全部参数量的 5%），便能完整地重构出剩余的参数，从而揭示了模型压缩的可行性。需要注意的是，这种冗余在模型训练阶段是十分必要的。因为深度神经网络面临的是一个极其复杂的非凸优化问题，对于现有的基于梯度下降的优化算法，这种参数上的冗余保证了网络能够收敛到一个比较好的最优值 [16, 39]。因而在一定程度上，网络越深，参数越多，模型越复杂，其最终的效果也往往越好。

鉴于此，神经网络的压缩①逐渐成为当下深度学习领域的热门研究课题。研究者们提出了各种新颖的算法，在追求模型高准确度的同时，尽可能地降低其复杂度，以期达到性能与开销上的平衡。

总体而言，绝大多数的压缩算法，均旨在将一个庞大而复杂的预训练模型（pre-trained model）转化为一个精简的小模型。当然，也有研究人员试图设计出更加紧凑的网络结构，通过对新的小模型进行训练来获得精简模型。从严格意义上来讲，这种算法不属于网络压缩的范畴，但本着减小模型复杂度的最终目的，我们也将其纳入到本章的介绍内容中来。

按照压缩过程对网络结构的破坏程度，我们将模型压缩技术分为“前端压缩”与“后端压缩”两部分。所谓“前端压缩”，是指不改变原网络结构的压缩技术，主要包括知识蒸馏、紧凑的模型结构设计以及滤波器（filter）层面的剪枝等；而“后端压缩”则包括低秩近似、未加限制的剪枝、参数量化以及二值网络等，其目标在于尽可能地减小模型大小，因而会对原始网络结构造成极大程度的改造。其中，由于“前端压缩”未改变原有的网络结构，仅仅只是在原模型的基础上减少了网络的层数或者滤波器的个数，其最终的模型可完美适配现有的深度学习库，如 Caffe[47] 等。相比之下，“后

① 本书所提及的压缩，不仅仅指体积上的压缩，也包括时间上的压缩，其最终目的在于减少模型的资源占用。

端压缩”为了追求极致的压缩比，不得不对原有的网络结构进行改造，如对参数进行量化表示等，而这样的改造往往是不可逆的。同时，为了获得理想的压缩效果，必须开发相配套的运行库，甚至是专门的硬件设备，其最终的结果往往是一种压缩技术对应于一套运行库，从而带来了巨大的维护成本。

当然，上述两种压缩策略并不存在绝对的好与坏，各种方法均有其各自的适应场景。同时，两种压缩技术可以相互结合，将“前端压缩”的输出作为“后端压缩”的输入，能够在最大程度上降低模型的复杂度。因此，本章所介绍的这两大类压缩技术，实际上是一种相互补充的关系。有理由相信，“前端压缩”与“后端压缩”的结合能够开启深度模型走向“精简之美”的大门。

4.1 低秩近似

卷积神经网络的基本计算模式是卷积运算。具体实现上，卷积操作由矩阵相乘完成，如 Caffe[47] 中的 `im2col` 操作。不过通常情况下，权重矩阵往往稠密且巨大，从而带来计算和存储上的巨大开销。解决这种情况的一种直观想法是，若能将该稠密矩阵由若干个小规模矩阵近似重构出来，那么便能有效降低存储和计算开销。由于这类算法大多采用低秩近似的技术来重构权重矩阵，故我们将其归类为低秩近似算法。

例如，给定权重矩阵 $\boldsymbol{W} \in \mathbb{R}^{m\times n}$，若能将其表示为若干个低秩矩阵的组合，即 $\boldsymbol{W} = \sum_{i=1}^{n} \alpha_i \boldsymbol{M}_i$，其中，$\boldsymbol{M}_i \in \mathbb{R}^{m\times n}$ 为低秩矩阵，其秩为 r_i，并满足 $r_i \ll \min(m,n)$，则每一个低秩矩阵都可被分解为小规模矩阵的乘积，$\boldsymbol{M}_i = \boldsymbol{G}_i \boldsymbol{H}_i^T$，其中，$\boldsymbol{G}_i \in \mathbb{R}^{m\times r_i}$，$\boldsymbol{H}_i \in \mathbb{R}^{n\times r_i}$。当 r_i 的取值很小时，便能大幅降低总体的存储和计算开销。

基于以上想法，Sindhwani 等人 [75] 提出使用结构化矩阵来进行低秩分解的算法。结构化矩阵是一系列拥有特殊结构的矩阵，如 Toeplitz 矩阵，该矩阵的特点是任意一条平行于主对角线的直线上的元素都相同。Sindhwani 等人使用 Toeplitz 矩阵来近似重构原权重矩阵：$\boldsymbol{W} = \alpha_1 \boldsymbol{T}_1 \boldsymbol{T}_2^{-1} + \alpha_2 \boldsymbol{T}_3 \boldsymbol{T}_4^{-1} \boldsymbol{T}_5$，在此情况下，$\boldsymbol{W}$ 和 $\boldsymbol{T}$ 为方阵。而每一个 Toeplitz 矩阵 $\boldsymbol{T}$ 都可以通过置换操作（displacement action，如使用 *Sylvester* 替换算子）被转化为一个非常低秩（例如秩小于等于 2）的矩阵。但该低秩矩阵与原矩阵并不存在直接的等价性，为了保证两者之间的等价性，还需借助于一定的数学工具（如 Krylov 分解），以达到使用低秩矩阵来重构原结构化矩阵的目的，从而减少存储开销。计算方面，得益于其特殊的结构，可使用快速傅里叶变换以实现计算上的加速。最终，这样一个与寻常矩阵相乘截然不同的计算过程，在部分小数据集上能够达到 $2\sim3$ 倍的压缩效果，而最终的精度甚至能超过压缩之前的网络。

另外一种比较简便的做法是直接使用矩阵分解来减少权重矩阵的参数。如 Denton 等人 [16] 提出使用奇异值分解（Singular Value Decomposition，SVD）来重构全连接层的权重。其基本思路是先对权重矩阵进行 SVD 分解：$\boldsymbol{W} = \boldsymbol{U}\boldsymbol{S}\boldsymbol{V}^{\mathrm{T}}$，其中 $\boldsymbol{U} \in \mathbb{R}^{m\times m}$，$\boldsymbol{S} \in \mathbb{R}^{m\times n}$，$\boldsymbol{V} \in \mathbb{R}^{n\times n}$。根据奇异值矩阵 $\boldsymbol{S}$ 中的数值分布情况，可选择保留前 k 个最大项。于是，可通过两个矩阵相乘的形式来重构原矩阵，即 $\boldsymbol{W} \approx (\tilde{\boldsymbol{U}}\tilde{\boldsymbol{S}})\tilde{\boldsymbol{V}}^{\mathrm{T}}$。其中，$\tilde{\boldsymbol{U}} \in \mathbb{R}^{m\times k}$，$\tilde{\boldsymbol{S}} \in \mathbb{R}^{k\times k}$，两者的乘积作为第一个矩阵的权重。$\tilde{\boldsymbol{V}} \in \mathbb{R}^{k\times n}$ 为第二个矩阵的权重。除此之外，对于一个三阶张量（卷积层的一个滤波器），也能通过类似的思想来进行分解。如对于一个秩为 1 的三阶张量 $\boldsymbol{W} \in \mathbb{R}^{m\times n\times k}$，可通过外积相乘的形式得到：$\|\boldsymbol{W} - \alpha\otimes\beta\otimes\gamma\|_F$，其中 $\alpha \in \mathbb{R}^m$，$\beta \in \mathbb{R}^n$，$\gamma \in \mathbb{R}^k$ 可使用最小二乘法获得。上述思想可轻松拓展至秩为 K 的情况：给定一个张量 $\boldsymbol{W}$，利用同样的算法获得 (α,β,γ)，重复 K 次更新计算以减小重构误差：$\boldsymbol{W}^{(k+1)} \leftarrow \boldsymbol{W}^{k} - \alpha\otimes\beta\otimes\gamma$。最终的近似矩阵由这若干向量外积的结果相加得到：

$$\tilde{\boldsymbol{W}} = \sum_{k=1}^{K} \alpha_k \otimes \beta_k \otimes \gamma_k. \tag{4.1}$$

结合一些其他技术，利用矩阵分解能够将卷积层压缩 2 ~ 3 倍，将全连接层压缩 5 ~ 13 倍，速度提升 2 倍左右，而精度损失则被控制在了 1% 之内。

低秩近似算法在中小型网络模型上取得了很不错的效果，但其超参数量与网络层数呈线性变化趋势 [16, 81]，随着网络层数的增加与模型复杂度的提升，其搜索空间会急剧增大 [86]。当面对大型神经网络模型时，是否仍能通过近似算法来重构参数矩阵，并使得性能下降保持在一个可接受范围内？最终的答案还是有待商榷的。

4.2 剪枝与稀疏约束

剪枝，作为模型压缩领域中的一种经典技术，已经被广泛运用到各种算法的后处理中，如著名的 C4.5 决策树算法 [70]。剪枝处理在减小模型复杂度的同时，还能有效防止过拟合，提升模型泛化性。剪枝操作可类比于生物学上大脑神经突触数量的变化情况。很多哺乳动物在幼年时，其脑神经突触的数量便已达到顶峰，随着大脑发育的成熟，突触数量会随之下降。类似地，在神经网络的初始化训练中，我们需要参数数量有一定的冗余度来保证模型的可塑性与“容量”（capacity），而在完成训练之后，则可以通过剪枝操作来移除这些冗余参数，使得模型更加成熟。

早在 1990 年，LeCun 等人 [55] 便已尝试将剪枝运用到神经网络的处理中来，通过移除一些不重要的权重，能够有效加快网络的速度，提升泛化性能。他们提出了一种名为“最佳脑损伤”（Optimal Brain Damage，OBD）的方法来对神经网络进行剪枝。随后，更多剪枝算法在神经网络中的成功应用也再次证明了其有效性 [5, 33]。然而，这类算法大多基于二阶梯度来计算各权重的重要程度，处理小规模网络尚可，当面对现代大规模的深度神经网络时，便显得捉襟见肘了。

进入到深度学习时代后，如何对大型深度神经网络进行高效的剪枝，成为了一个重要的研究课题。研究人员提出了各种有效的剪枝方案，尽管各种算法的具体细节不尽相同，但所采用的基本框架却是相似的。给定一个预训练好的网络模型，常用的剪枝算法一般都遵从如下的操作流程：

1. **衡量神经元的重要程度**。这也是剪枝算法中最重要的核心步骤。根据剪枝粒度（granularity）的不同，神经元的定义可以是一个权重连接，也可以是整个滤波器。衡量其重要程度的方法也是多种多样的，从一些基本的启发式算法，到基于梯度的方案，它们的计算复杂度与最终的效果也是各有千秋。

2. **移除掉一部分不重要的神经元**。根据上一步的衡量结果，剪除掉部分神经元。这里可以根据某个阈值来判断神经元是否可以被剪除，也可以按重要程度排序，剪除掉一定比例的神经元。一般而言，后者比前者更加简便，灵活性也更高。

3. **对网络进行微调**。由于剪枝操作会不可避免地影响网络的精度，为防止对分类性能造成过大的破坏，需要对剪枝后的模型进行微调。对于大规模图像数据集（如 ImageNet[73]），微调会占用大量的计算资源。因此，对网络微调到什么程度，也是一件需要斟酌的事情。

4. **返回第 1 步，进行下一轮剪枝。**

基于如上循环剪枝框架，Han 等人 [30] 提出了一个简单而有效的策略。他们首先将低于某个阈值的权重连接全部剪除。他们认为，如果某个连接（connectivity）的权重值过低，则意味着该连接并不十分重要，因而可以被移除。之后对剪枝后的网络进行微调以完成参数更新。如此反复迭代，直到在性能和规模上达到较好的平衡。最终，在保持网络分类精度不下降的情况下，可以将参数数量减少 9 ~ 11 倍。在实际操作中，还可以借助 ℓ_1 或者 ℓ_2 正则化，以促使网络的权重趋向于零。

该方法的不足之处在于，剪枝后的网络是非结构化的，即被剪除的网络连接在分布上没有任何连续性。这种随机稀疏的结构，会导致 CPU 高速缓存（CPU cache）与内存之间的频繁切换，从而制约了实际的加速效果。另一方面，由于网络结构的改变，使得剪枝之后的网络模型极度依赖于专门的运行库，甚至需要借助于特殊的硬件设备，才能达到理论上的加速比，严重制约了剪枝后模型的通用性。

基于此，也有学者尝试将剪枝的粒度提到滤波器级别 [56, 68]，即直接丢弃整个滤波器。这样一来，模型的速度和大小均能得到有效的提升，而剪枝后网络的通用性也不会受到任何影响。这类算法的核心在于如何衡量滤波器的重要程度，通过移除掉“不重要”的滤波器来减小对模型准确度的破坏。其中，最简单的一种策略是基于滤波器权重本身的统计量，如分别计算每个滤波器的 ℓ_1 或 ℓ_2 值，将相应数值的大小作为重要程度的衡量标准。这类算法以 Hao Li 等人的算法 [56] 为代表，Li 等人将每个滤波器权重的绝对值相加作为最终分值：$s_i = \sum |\boldsymbol{W}(i,:,:,:)|$。基于权重本身统计信息的评价标准，在很大程度上是出于小权重值滤波器对于网络的贡献相对较小的假设，虽然简单易行，却与网络的输出没有直接关系。在很多情况下，小权重值对于损失函数也能起到非常重要的影响。当采用较大的压缩率时，直接丢弃这些权重将会对网络的准确度造成十分严重的破坏，从而很难恢复到原先的性能。

因此，由数据驱动的剪枝似乎是更合理的方案。最简单的一种策略是根据网络输出中每一个通道（channel）的稀疏度来判断相应滤波器的重要程度 [42]。其出发点在于，如果某一个滤波器的输出几乎全部为 0，那么该滤波器便是冗余的，移除掉这样的滤波器不会带来很大的性能损失。但从本质上而言，这种方法仍属启发式方法，只能根据实验效果来评价其好坏。如何对剪枝操作进行形式化描述与推理，以得到一个更加理论化的选择标准，成为了下一步亟待解决的问题。对此，Molchanov 等人 [68] 给出的方案是计算每一个滤波器对于损失函数（loss function）的影响程度。如果某一滤波器的移除不会带来很大的损失变化，那么自然可以安全地移除该滤波器。但直接计算损失函数的代价过于庞大，为此，Molchanov 等人使用 Taylor 展开式来近似表示损失函数的变化，以便衡量每一个滤波器的重要程度。

与此同时，利用稀疏约束来对网络进行剪枝也成为了一个重要的研究方向。稀疏约束与直接剪枝在效果上有着异曲同工之妙，其思路是在网络的优化目标中加入权重的稀疏正则项，使得训练时网络的部分权重趋向于 0，而这些 0 值元素正是剪枝的对象。因此，稀疏约束可以被视作动态的剪枝。相对于剪枝的循环反复操作，稀疏约束的优点显而易见：只需进行一遍训练，便能达到网络剪枝的目的。这种思想也被运用到 Han 等人 [30] 的剪枝算法之中，即利用 ℓ_1、ℓ_2 正则化来促使权重趋向于 0。

针对非结构化稀疏网络的缺陷，也有学者提出结构化的稀疏训练策略。该策略有效提升了网络的实际加速效果，降低了模型对于软、硬件的依赖程度 [53, 86]。结构化稀疏约束可以被视作连接级别（connectivity level）的剪枝与滤波器级别（filter level）的剪枝之间的一种平衡。连接级别的剪枝粒度太细，剪枝之后带来的非结构化稀疏网络很难在实际应用中得到广泛使用。而滤波器层面的剪枝粒度则太过粗放，很容易造成精度的大幅降低，同时保留下来的滤波器内部还存在着一定的冗余。而结构化的稀疏训练方法以滤波器、通道（channel）、网络深度作为约束对象，将其添加到损失函数的约束项中，可以促使这些对象的数值趋向于 0。例如，Wen 等人 [86] 定义了如下的损失函数：

$$E(W) = E_D(W) + \lambda_n \cdot \sum_{l=1}^{L} \left(\sum_{n_l=1}^{N_l} \|W^{(l)}_{n_l,:,:,:}\|_g \right) + \lambda_c \cdot \sum_{l=1}^{L} \left(\sum_{c_l=1}^{C_l} \|W^{(l)}_{:,c_l,:,:}\|_g \right), \tag{4.2}$$

其中，$E_D(W)$ 表示原来的损失函数，L 表示网络的层数，$\|w\|_g = \sqrt{\sum_{i=1}^{n} (w_i)^2}$ 表示的是群 Lasso。式4.2在原损失函数的基础上，增加了对滤波器和通道的

约束，促使这些对象整体趋向于 0。由于结构化约束改变了网络结构（所得到的每一层的权重不再是一个完整的张量），因而在实际应用时，仍然需要修改现在的运行库以便支持新的稀疏结构。

总体而言，剪枝是一项有效减小模型复杂度的通用压缩技术，其关键是如何衡量个别权重对于整体模型的重要程度。在这个问题上，人们对各种权重选择策略也是众说纷纭，莫衷一是，尤其是对于深度学习，几乎不可能从理论上确保某一选择策略是最优的。另一方面，由于剪枝操作对网络结构的破坏程度极小，这种良好的特性往往被用于网络压缩过程的前端处理。将剪枝与其他后端压缩技术相结合，能够达到网络模型的最大程度压缩。最后，表4-1总结了以上几种剪枝方案在 ImageNet 数据集上的效果。

表 4-1 不同剪枝算法在 ImageNet 数据集 [73] 上的性能比较。其中，“参数数量”和浮点运算次数“FLOP”显示了相对原始模型的压缩比例

方　法	网络模型	Top-1 精度	Top-5 精度	参数数量	FLOP	备　注
Han 等人 [30]	VGG-16	+0.16%	+0.44%	13×	5×	随机稀疏的结构难以应用
APoZ[42]	VGG-16	+1.81%	+1.25%	2.70×	≈ 1×	只减少了参数数量
Taylor-1[68]	VGG-16	–	−1.44%	≈ 1×	2.68×	关注卷积层的剪枝来加快速度
Taylor-2[68]	VGG-16	–	−3.94%	≈ 1×	3.86×	–
Weight sum[56]	ResNet-34	−1.06%	–	1.12×	1.32×	ResNet 网络冗余度低，更难剪枝
Lebedev 等人 [53]	Alex-Net	−1.43%	–	3.23×	3.2×	依赖于特定运行库
SSL[86]	Alex-Net	−2.03%	–	–	3.1×	依赖于特定运行库

4.3 参数量化

相比于剪枝操作，参数量化则是一种常用的后端压缩技术。所谓“量化”，是指从权重中归纳出若干“代表”，由这些“代表”来表示某一类权重

的具体数值。“代表”被存储在码本（codebook）中，而原权重矩阵只需记录各自“代表”的索引即可，从而极大地降低了存储开销。这种思想可类比于经典的词包模型（bag-of-words model，如图3-2所示）。

其中，最简单也是最基本的一种量化算法便是标量量化（scalar quantization）。该算法的基本思路是，对于每一个权重矩阵 $\boldsymbol{W} \in \mathbb{R}^{m\times n}$，首先将其转化为向量形式：$\boldsymbol{w} \in \mathbb{R}^{1\times mn}$。之后对该权重向量的元素进行 k 个簇的聚类，这可借助于经典的 k-均值（k-means）聚类算法快速完成：

$$\arg\min_{c} \sum_{i}^{mn} \sum_{j}^{k} \|\boldsymbol{w}_i - c_j\|_2^2. \tag{4.3}$$

如此一来，只需将 k 个聚类中心（c_j，标量）存储在码本之中便可，而原权重矩阵则只负责记录各自聚类中心在码本中的索引。如果不考虑码本的存储开销，则该算法能将存储空间减小为原来的 $\log_2(k)/32$。基于 k-均值算法的标量量化不仅简单，在很多应用中也非常有效。Gong 等人 [28] 对比了不同的参数量化方法，发现即便采用最简单的标量量化算法，也能在保持网络性能不受显著影响的情况下，将模型大小减小 8~16 倍。其不足之处在于，当压缩率比较大时很容易造成分类精度的大幅下降。

在文献 [29] 中，Han 等人便采用了标量量化的思想。如图4-1所示，对于当前权重矩阵，首先对所有的权重值进行聚类，取 $k=4$，可获得 4 个聚类中心，并将其存储在码本之中，而原矩阵只负责记录相应的索引。4 个聚类中心只需 2 个比特位即可，从而极大地降低了存储开销。由于量化会在一定程度上降低网络的精度，因此为了弥补性能上的损失，Han 等人借鉴了网络微调思想，利用后续层的回传梯度对当前的码本进行更新，以降低泛化误差。其具体过程如图4-1所示，首先根据索引矩阵获得每一个聚类中心所对应的梯度值。将这些梯度值相加，作为每一个聚类中心的梯度，最后利用梯度下降对原码本中存储的聚类中心进行更新。当然，这种算法是近似的梯度下降，其效果十分有限，只能在一定程度上缓解量化所带来的精度损失。

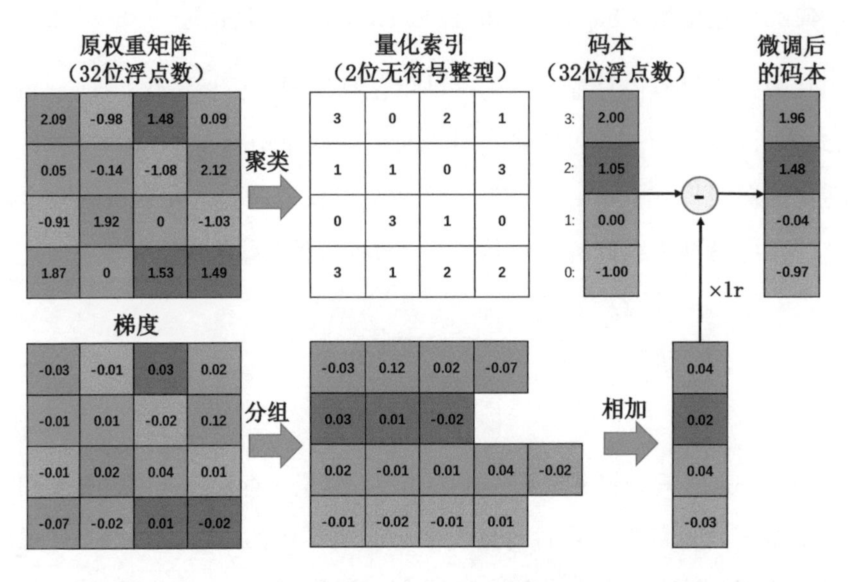

图 4-1 参数量化与码本微调示意图。上：对权重矩阵进行 k 均值聚类，得到量化索引与码本；下：使用回传梯度对码本进行更新

为了解决标量量化能力有限的弊端，也有很多算法考虑结构化的向量量化方法。其中最常用的一种算法是乘积量化（Product Quantization，PQ）。该算法的基本思路是先将向量空间划分为若干个不相交的子空间，之后依次对每个子空间执行量化操作。即先按照列方向（行方向亦可）将权重矩阵 $\boldsymbol{W}$ 划分为 s 个子矩阵：$\boldsymbol{W}^i \in \mathbb{R}^{m\times(n/s)}$，之后对 $\boldsymbol{W}^i$ 的每一行进行聚类：

$$\arg\min_{\boldsymbol{c}} \sum_{z}^{m} \sum_{j}^{k} \|\boldsymbol{w}_z^i - \boldsymbol{c}_j^i\|_2^2, \tag{4.4}$$

其中，$\boldsymbol{w}_z^i \in \mathbb{R}^{1\times(n/s)}$ 表示子矩阵 $\boldsymbol{W}^i$ 的第 z 行，$\boldsymbol{c}_j^i$ 为其对应的聚类中心。最后，依据标量量化的流程，将原权重矩阵转化为码本的索引矩阵。相对于标量量化，乘积量化考虑了更多空间结构信息，具有更高的精度和健壮性。但由于码本中存储的是向量，所占用的存储空间不可忽略，因此其压缩率

为 $(32mn)/(32kn\log_2(k)ms)$。

Wu 等人 [89] 以此为基础，设计了一种通用的网络量化算法：QCNN（quantized CNN）。由于乘积量化只考虑了网络权重本身的信息，与输入、输出无直接关联，因此很容易造成量化误差很低，但网络的分类性能却很差的情况。为此，Wu 等人认为，最小化每一层网络输出的重构误差，比最小化该层参数的量化误差更加有效，即考虑如下优化问题：

$$\arg\min_{\{D^{(s)}\},\{B^{(s)}\}}\sum_n\|O_n-\sum_s(D^{(s)}B^{(s)})^{\mathrm{T}}I_n^{(s)}\|_F^2, \tag{4.5}$$

其中，I_n 与 O_n 分别表示第 n 张图片在某一层的输入与输出，s 表示当前量化的第 s 个子矩阵空间，$D^{(s)}$ 与 $B^{(s)}$ 为其所对应的码本与索引，即由两者的乘积来近似表示该子矩阵的权重。对于当前欲量化的子空间 s，其优化目标为求得新的码本 $D^{(s)}$ 与索引 $B^{(s)}$ 使得重构误差最小化，即：

$$\arg\min_{D^{(s)},B^{(s)}}\sum_n\|O_n-\sum_{s'\neq s}(D^{(s')}B^{(s')})^{\mathrm{T}}I_n^{(s')}-(D^{(s)}B^{(s)})^{\mathrm{T}}I_n^{(s)}\|_F^2. \tag{4.6}$$

对于当前的子空间 s，上式前两项为固定值。因此，可固定索引 $B^{(s)}$ 来优化码本 $D^{(s)}$，这可通过最小二乘法实现。同理也可固定 $D^{(s)}$ 来求 $B^{(s)}$。如此循环迭代每一个子空间，直到最终的重构误差达到最小。在实际操作中，由于网络是逐层量化的，因此对当前层完成量化操作之后，势必会使得精度有所下降。对此，可通过微调后续若干层网络来弥补损失，使得网络性能下降尽可能地小。对于 VGG-16，该方法能将模型 FLOP 减少 4.06 倍，体积减小 20.34 倍，而网络的 top-5 精度损失仅为 0.58%。

以上所介绍的基于聚类的参数量化算法，其本质思想是将多个权重映射到同一个数值，从而实现权重共享，降低存储开销。权重共享是一个十分经典的研究课题，除了用聚类中心来代替该聚类簇的策略外，也有研究人员考虑使用哈希技术（hashing）来达到这一目的。在文献 [6] 中，Chen 等人提出了 HashedNets 算法来实现网络权重共享。该算法有两个关键性的元素：码本 $\boldsymbol{c}^\ell$ 与哈希函数 $h^\ell(i,j)$。首先，选择一个合适的哈希函数，该函数能够将第 ℓ 层的权重位置 (i,j) 映射到一个码本索引：$\boldsymbol{W}_{ij}^\ell = \boldsymbol{c}_{h^\ell(i,j)}^\ell$。第 ℓ 层 (i,j) 位置上的权重值由码本中所对应的数值来表示。即所有被映射到同一个哈希桶（hash bucket）中的权重共享同一个参数值。而整个网络的训练过程与标准的神经网络大致相同，只是增加了权重共享的限制。

综合来看，参数量化作为一种常用的后端压缩技术，能够以很小的性能损失实现模型体积的大幅减小。其不足之处在于，量化后的网络是“固定”的，很难再对其做任何改变。另一方面，这一类方法的通用性较差，往往是一种量化方法对应于一套专门的运行库，造成了较大的维护成本。

4.4 二值网络

二值网络可以被视为量化方法的一种极端情况：所有参数的取值只能是 ± 1。正是这种极端的设定，使得二值网络能够获得极大的压缩效益。首先，在普通的神经网络中，一个参数是由单精度浮点数来表示的，参数的二值化能将存储开销降低为原来的 1/32。其次，如果中间结果也能二值化，那么所有的运算仅靠位操作便可完成。借助于同或门（XNOR gate）等逻辑门元件便能快速完成所有的计算。而这一优点是其余压缩方法所不能比拟的。深度神经网络的一大诟病就在于其巨大的计算代价，如果能够获得高准确度的二值网络，那么便可摆脱对 GPU 等高性能计算设备的依赖。

事实上，二值网络并非网络压缩的特定产物，其历史最早可追溯到人工神经网络的诞生之初。早在 1943 年，神经网络的先驱 Warren McCulloch 和 Walter Pitts[65] 两人基于数学和阈值逻辑算法提出的人工神经元模型，便是二值网络的雏形。纵观其发展史，缺乏有效的训练算法一直是困扰二值网络的最大问题。即便是在几年前，二值网络也只能在手写数字识别（MNIST）等小型数据集上取得一定的准确度，距离真正的可实用性还有很大的距离。直到近两年，二值网络在研究上取得了可观的进展，才再次引发了人们的关注。

现有的神经网络大多基于梯度下降来训练，但二值网络的权重只有 ± 1，无法直接计算梯度信息，也无法进行权重更新。为了解决这个问题，Courbariaux 等人 [11] 提出了二值连接（binary connect）算法。该算法退而求其次，采用单精度与二值相结合的方式来训练二值神经网络：网络的前向与反向回传是二值的，而权重的更新则对单精度权重进行，从而促使网络能够收敛到一个比较满意的最优值。在完成训练之后，所有的权重将被二值化，从而获得二值网络体积小、运算快的优点。

对于网络二值化，首先需要解决两个基本问题：

1. *如何对权重进行二值化？*权重二值化，通常有两种选择：一是直接根据权重的正负进行二值化：$x^b = \text{sign}(x)$；二是进行随机的二值化，即对每一个权重，以一定的概率取 $+1$。在实际过程中，随机数的产生会非常耗时，因此，第一种策略更加实用。

2. *如何计算二值权重的梯度？*由于二值权重的梯度为 0，因此无法进行参数更新。为了解决这个问题，需要对符号函数进行放松，即用 $\text{Htanh}(x) = \max(-1, \min(1, x))$ 来代替 $\text{sign}(x)$。当 x 在区间 $[-1, 1]$ 时，存在梯度值 1，否则梯度为 0。

在模型的训练过程中，存在着两种类型的权重：一是原始的单精度权重；二是由该单精度权重得到的二值权重。在前向过程中，首先对单精度权重进行二值化，由二值权重与输入进行卷积运算（实际上只涉及加法），获得该层的输出。在反向更新时，则根据放松后的符号函数，计算相应的梯度值，并根据该梯度值对单精度的权重进行参数更新。由于单精度权重发生了变化，因而其所对应的二值权重也会有所改变，从而有效解决了二值网络训练困难的问题。在 MNIST[①] 与 CIFAR-10[②] 等小型数据集上，该算法能够取得与单精度网络相当的准确度，甚至在部分数据集上超过了单精度的网络模型。这是因为二值化对权重和激活值添加了噪声，这些噪声具有一定的正则化作用，能够防止模型过拟合。

但二值连接算法只对权重进行了二值化，网络的中间输出值仍然是单精度的。于是，Hubara 等人 [44] 对此进行了改进，使得权重与中间值同时完成二值化，其整体思路与二值连接大体相同。与二值连接相比，由于其中间结果也是二值化的，因此可借助于同或门等逻辑门元件快速完成计算，而精度损失则保持在了 0.5% 之内。

更进一步，Rastegari 等人 [71] 提出用单精度对角阵与二值矩阵之积来近似表示原矩阵的算法，以提升二值网络的分类性能，弥补纯二值网络在精度上的弱势。该算法将原卷积运算分解为如下过程：

$$\boldsymbol{I} * \boldsymbol{W} \approx (\boldsymbol{I} * \boldsymbol{B})\alpha, \tag{4.7}$$

其中，$\boldsymbol{I} \in \mathbb{R}^{c\times w_{in}\times h_{in}}$ 为该层的输入张量，$\boldsymbol{W} \in \mathbb{R}^{c\times w\times h}$ 为该层的一个滤波器，$\boldsymbol{B} = \text{sign}(\boldsymbol{W}) \in \{+1,-1\}^{c\times w\times h}$ 为该滤波器所对应的二值权重。Rastegari 等人认为，单靠二值运算，很难达到原单精度卷积运算的效果。因此，他们使用额外的一个单精度缩放因子 $\alpha \in \mathbb{R}^{+}$ 来对该二值滤波器卷积后的结果进行缩放。而关于 α 的取值，则可根据优化目标：

① http://yann.lecun.com/exdb/mnist/。

② https://www.cs.toronto.edu/~kriz/cifar.html。

$$\min \|\boldsymbol{W} - \alpha \boldsymbol{B}\|^2, \tag{4.8}$$

得到 $\alpha = \frac{1}{n}\|\boldsymbol{W}\|_{\ell_1}$。整个网络的训练过程与上述两个算法大体相同，所不同之处在于梯度的计算过程还考虑了 α 的影响。从严格意义上来讲，该网络并不是纯粹的二值网络，每个滤波器还保留了一个单精度的缩放因子。但正是这个额外的单精度数值，有效降低了重构误差，并首次在 ImageNet 数据集上取得了与 Alex-Net[52] 相当的精度。此外，如果同时对输入与权重都进行二值化，则可进一步提升运行速度，但网络性能会受到明显的影响，在 ImageNet 上其分类精度降低了 12.6%。

尽管二值网络取得了一定的技术突破，但距离真正的可实用性还有很长一段路要走。但我们有理由相信，随着技术的进步与研究的深入，其未来的发展前景将会更加美好。

4.5 知识蒸馏

对于监督学习，监督信息的丰富程度在模型的训练过程中起着至关重要的作用。对于具有同样复杂度的模型，给定的监督信息越丰富，训练效果也越好。正如我们在本章开篇所言，参数的冗余能够在一定程度上保证网络收敛到一个较好的最优值。那么，在不改变模型复杂度的情况下，通过增加监督信息的丰富程度，是否也能带来性能上的提升呢？答案是肯定的。正是本着这样的思想，“知识蒸馏”（knowledge distillation）应运而生。

所谓“知识蒸馏”，其实是迁移学习（transfer learning）的一种，其最终目的是将一个庞大而复杂的模型所学到的知识，通过一定的技术手段迁移到精简的小模型上，使得小模型能够获得与大模型相近的性能。这两种不同规模的网络，分别扮演着“学生”和“老师”的角色：如果完全让“学生”（小模型）自学的话，往往收效甚微；但若能经过一个“老师”（大模型）的指导，学习的过程便能事半功倍，“学生”甚至有可能超越“老师”。

实际上，在机器学习中，类似的想法在 2004 年就已有报道 [100]。而具体到基于深度学习的知识蒸馏框架中，有两个基本要素起着决定性的作用：一是何谓“知识”，即如何提取模型中的知识；二是如何“蒸馏”，即如何完成知识转移的任务。

Jimmy 等人 [1] 认为，Softmax 层的输入与类别标签相比，包含了更加丰富的监督信息，可以被视作网络中知识的有效概括。Softmax 的计算过程为：$p_k = e^{z_k} / \sum_j e^{z_j}$，其中，输入 z_j 被称为“logits”，使用 logits 来代替类别标签对小模型进行训练，可以获得更好的训练效果。他们将小模型的训练问题，转化为一个回归问题：

$$\mathcal{L}(W,\beta) = \frac{1}{2T}\sum_t \|g(x^{(t)}; W,\beta) - z^{(t)}\|_2^2, \tag{4.9}$$

以促使小模型的输出尽可能地接近大模型的 logits。在实验中，他们选择浅层的小模型来“模仿”深层的大模型（或者多个模型的集成）。然而，为了达到和大模型相似的精度，小模型中隐藏层的宽度要足够大，因而参数总量并未明显减少，其效果十分有限。

与此同时，Hinton 等人 [40] 则认为，Softmax 层的输出会是一种更好的选择，它包含了每个类别的预测概率，可以被认为是一种“软标签”。通常意义的类别标签，只给出一个类别的信息，各类之间没有任何关联。而 Softmax 的预测概率，除了包含该样本的类别归属之外，还包含了不同类别之间的相似信息：两个类别之间的预测概率越接近，这两类越相似。因此，“软标签”比类别标签包含了更多的信息。为了获得更好的“软标签”，他们使用了一个超参数来控制预测概率的平滑程度，即：

$$q_i = \frac{\exp(z_i/T)}{\sum_j \exp(z_j/T)}, \tag{4.10}$$

其中，T 被称为“温度”，其值通常为 1。T 的取值越大，所预测的概率分布通常越平滑。为了获得更高的预测精度，还可使用普通的类别标签来对“软标签”进行修正。最终的损失函数由两部分构成：第一部分是由小模型的预测结果与大模型的“软标签”所构成的交叉熵（cross entropy）；第二部分为预测结果与普通类别标签的交叉熵。两者之间的重要程度可通过一定的权重进行调节。在实际应用中，T 的具体取值会影响最终的效果，一般而言，较大的 T 能够获得较高的准确度。当 T 的取值比较恰当时，小模型能够取得与大模型相近的性能，但减少了参数数量，同时训练速度也得到了提升。

“软标签”的不足之处在于，温度 T 的取值不易确定，而 T 对小模型的训练结果有着较大的影响。另一方面，当数据集的类别比较多时（如人脸识别中的数万个类别），即“软标签”的维度比较高时，模型的训练变得难以收敛 [63]。针对人脸识别数据集类别维度高的特点，Luo[63] 等人认为，可以使用 Softmax 前一层网络的输出来指导小模型的训练。这是因为，Softmax 以该层输出为基础进行预测计算，具有相当的信息量，却拥有更加紧凑的维度（相对于人脸识别中 Softmax 层的数万维度而言）。但相比于“软标签”，前一层的输出包含更多的噪声与无关信息。因此，Luo 等人设计了一个算法来对神经元进行选择，以去除这些无关维度，使得最终保留的维度更加紧凑与高效。该算法的主要思想是，保留那些满足如下两点要求的特征维度：一是该维度的特征须具有足够强的区分度；二是不同维度之间的相关性须尽可能低。使用经过选择后的输出特征来对小模型进行训练，能够获得更好的分类性能，甚至可以超过大模型的精度。

总体而言，知识蒸馏作为前向压缩算法的一种补充，可以用来更好地指导小规模网络的训练。但该方法目前的效果还十分有限，与主流的剪枝、量化等技术相比，存在一定的差距，需要未来进行更加深入的研究。

4.6 紧凑的网络结构

以上所介绍的各种方法，在模型压缩方面均卓有成效，能够有效降低神经网络的复杂度。其实，我们迫切需要大模型的有效压缩策略，很大一部分原因是出于小模型的训练效果很难令人满意的无奈。但直接训练小模型真的没法获得很好的精度吗？似乎也不尽然。研究人员设计出了许多更加紧凑的网络结构，将这些新颖的结构运用到神经网络的设计中来，就能够在规模与精度之间取得一个较好的平衡。

诚然，网络结构的设计是一项实验推动的研究，需要很大的技巧性。但通过研究一些比较成熟的设计思想，可以启迪更多可能的研究工作。为了追求更少的模型参数，Iandola 等人 [45] 设计了一种名为 Fire Module 的基本单元，并基于这种结构单元提出了 SqueezeNet。Fire Module 的基本结构如图4-2a所示，该结构主要分为两部分：

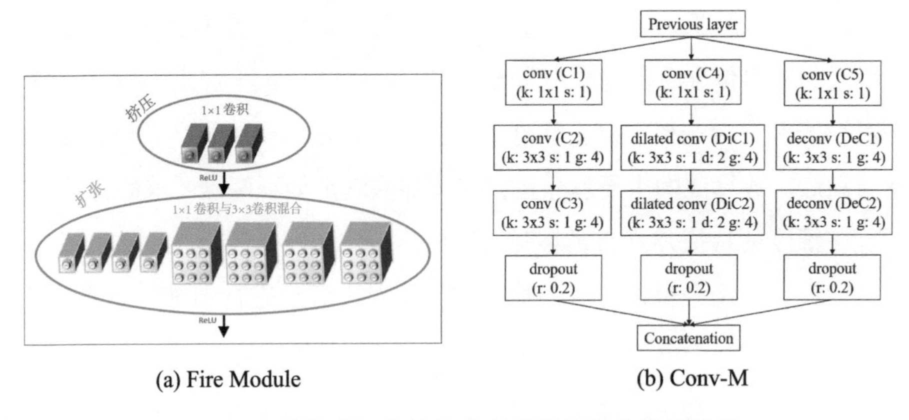

(a) Fire Module　　(b) Conv-M

图 4-2　两种紧凑网络结构中所采用的基本模型单元

1. **挤压**。特征维度的大小对于模型容量有着较大的影响，当维度不够高时，模型的表示能力便会受到限制。但高维的特征会直接导致卷积层参数的急剧增加。为追求模型容量与参数的平衡，可使用 1×1 的卷积来对输入特征进行降维。同时，1×1 的卷积可综合多个通道的信息，得到更加紧凑的输入特征，从而保证了模型的泛化性。

2. **扩张**。常见网络模型的卷积层通常由若干个 3×3 的卷积核构成，占用了大量的计算资源。这里为了减少网络参数，同时也为了综合多种空间结构信息，使用了部分 1×1 的卷积来代替 3×3 的卷积。为了使得不同卷积核的输出能够拼接成一个完整的输出，需要对 3×3 的卷积输入配置合适的填充（padding）像素。

以该基本单元为基础所搭建的 SqueezeNet 具有良好的性能，在 ImageNet 上能够达到 Alex-Net 的分类精度，而其模型大小仅仅为 4.8 MB，将这样规模的模型部署到手机等嵌入式设备中将变得不再困难。

另一方面，为了弥补小网络在无监督领域自适应（domain adaptation）任务上的不足，Wu 等人 [88] 认为，增加网络中特征的多样性是解决问题的关键。他们参考了 GoogLeNet[80] 的设计思想，提出使用多个分支分别捕捉不同层次的图像特征，以达到增加小模型特征多样性的目的。其基本结构如图4-2b所示，每一条分支都首先用 1×1 的卷积对输入特征做降维处理。在这一方面，其设计理念与 SqueezeNet 基本相同。三条分支分别为普通的卷积（convolution）、扩张卷积（dilated convolution）与反卷积 (deconvolution)。使用扩张卷积的目的是为了使用较少参数获得较大感受野，使用反卷积则是为了重构输入特征，提供与其他两条分支截然不同的卷积特征。最后，为了减少参数，对每一条分支均使用了分组卷积。三条分支在最后汇总，拼接为新的张量，作为下一层的输入。最终的效果是以 4.1M 的参数数量实现了 GoogLeNet 的精度，并且在领域自适应问题上取得了良好的性能表现。

直接训练一个性能良好的小规模网络模型固然十分吸引人，然而其结构设计并不是一件容易的事情，这在很大程度上依赖于设计者本身的经验与技巧。另一方面，随着参数数量的减少，网络的泛化性是否还能得到保障？当一个紧凑的小规模网络被运用到迁移学习，或者是检测、分割等其他任务上时，其性能表现究竟如何，也未可知。

4.7 小结

§ 本章从“前端压缩”与“后端压缩”两个角度分别介绍了网络模型压缩技术中的若干算法，这些算法有着各自不同的应用领域与压缩效果。

§ 低秩近似、剪枝与参数量化作为常用的三种压缩技术，已经具备了较为明朗的应用前景；其他压缩技术，如二值网络、知识蒸馏等尚处于发展阶段。不过随着深度学习相关技术的迅猛发展，我们有理由相信，将深度学习技术应用到更便捷的嵌入式设备中将变得不再遥远。

第三部分

实践应用篇

5 数据扩充

深度卷积网络自身拥有强大的表达能力，不过正因如此，网络本身需要大量甚至海量数据来驱动模型训练，否则便有极大可能陷入过拟合的窘境。可实际中，并不是所有数据集或真实任务都能提供如 ImageNet 数据集一般的海量训练样本。因此，在实践中数据扩充（data augmentation）便成为深度模型训练的第一步。有效的数据扩充不仅能扩充训练样本数量，还能增加训练样本的多样性，这一方面可避免过拟合，另一方面又会带来模型性能的提升。本章将介绍目前几种常用且有效的数据扩充技巧。

5.1 简单的数据扩充方式

在数据扩充方面，简单的方法有如图5-1b和图5-1c所示的图像水平翻转（horizontally flipping）和随机抠取（random crops）方法。水平翻转操作会使原数据集扩充一倍。随机抠取操作一般用较大（约 0.8~0.9 倍原图大小）的正方形在原图的随机位置处抠取图像块（image patch/crop），每张图像被随机抠取的次数决定了数据集扩充的倍数。在此使用正方形的原因是由于卷积神经网络模型的输入一般是正方形图像，直接以正方形抠取避免了矩形抠取后续的图像拉伸操作带来的分辨率失真。

(a) 原图

(b) 水平翻转

(c) 随机抠取

图 5-1　数据扩充的几种常用方法。图像水平翻转，随机抠取，尺度变换和旋转

除此之外，其他简单的数据扩充方式还有尺度变换（scaling）、旋转（rotating）等，由此增加卷积神经网络对物体尺度和方向上的健壮性。尺度变换一般是将图像分辨率变为原图的 0.8、0.9、1.1、1.2、1.3 等倍数，将经尺度变换后的图像作为扩充的训练样本加入原训练集。旋转操作与此类似，其将原图旋转一定角度，如 −30°、−15°、15°、30° 等，同样将被旋转变换后的图像作为扩充样本加入模型训练。

在此基础上，对原图或已变换的图像（或图像块）进行色彩抖动（color jittering）也是一种常用的数据扩充手段。色彩抖动是在 RGB 颜色空间对原有 RGB 色彩分布进行轻微的扰动，也可在 HSV 颜色空间尝试随机改变图像原有的饱和度和明度（即改变 S 和 V 通道的值）或对色调进行微调（小范围改变该通道的值）。

在实践中，往往会将上述几种方式叠加使用，如此便可将图像数据扩充至原有数量的数倍甚至数十倍。[1]

[1] 更多图像数据扩充方法代码可参见https://github.com/aleju/imgaug。不过需要指出的是，在实际使用中还需“量体裁衣”，根据自身任务特点选择合适的数据扩充方式，而不要一股脑将所有的数据扩充方法都用到自己任务中，因为一些数据扩充方法不仅无益于提高性能，反而还会起到相反作用。例如，若某任务为人脸识别，则图像竖直翻转不应用于数据扩充，因为上下倒置的人脸图像并不会出现在常规人脸识别任务中。

5.2 特殊的数据扩充方式

5.2.1 Fancy PCA

在著名的 Alex-Net 被提出的同时，Krizhevsky 等人还提出了一种名为 Fancy PCA 的数据扩充方法 [52]。Fancy PCA 首先对所有训练数据的 R、G、B 像素值进行主成分分析（Principal Component Analysis，PCA）操作，得到对应的特征向量 $\boldsymbol{p}_i$ 和特征值 $\lambda_i\ (i=1,2,3)$，然后根据特征向量和特征值可以计算一组随机值 $[\boldsymbol{p}_1,\boldsymbol{p}_2,\boldsymbol{p}_3]\,[\alpha_1\lambda_1,\alpha_2\lambda_2,\alpha_3\lambda_3]^\top$，将其作为扰动加到原像素值中即可。其中，$\alpha_i$ 为取自以 0 为均值，标准差为 0.1 高斯分布的随机值。在每经过一轮训练（一个 epoch）后，将重新随机选取 α_i 并重复上述操作对原像素值进行扰动。在文献 [52] 中，Krizhevsky 等人提到，"Fancy PCA 可以近似地捕获自然图像的一个重要特性，即物体特质与光照强度和颜色变化无关"。在提高网络模型分类准确度方面，Fancy PCA 数据扩充方法在 2012 年的 ImageNet 竞赛中使得 Alex-Net 的 top-1 错误率降低了一个百分点，这个效果对于当时的模型性能来讲可以说是很大的提升。

5.2.2 监督式数据扩充

以上提及的简单数据扩充方法均直接作用于原图，且并未借助任何图像标记信息。在 2016 年 ImageNet 竞赛的场景分类任务中，国内海康威视研究院提出了一种监督式（利用图像标记信息）的新型数据扩充方式 [91]。

区别于"以物体为中心"（object-centric）的图像分类任务，场景分类（scene-centric image classification）往往依靠图像整体所蕴含的高层语义（high-level semantic）进行图像分类。此时若采用随机抠取等简单的数据扩充方式，很有可能得到图5-2（场景标记为"海滩"）所示的两个抠取结果。抠取的图像块（红色和黄色框）分别为"树"和"天空"，但要知道，"树"

和“天空”这类物体也会大概率地出现在其他场景中，不像“沙滩”、“大海”和“泳者”这些物体是与整个图像场景强相关的。换句话说，这类一般物体对于场景分类并无很强的判别能力（discriminative ability）。如果把“树”和“天空”这样的图像块打上“海滩”的场景标记，难免会造成标记混乱，势必影响模型的分类精度。

图 5-2　场景图像的随机抠取。两个可能的抠取结果（黄色框和红色框）

对此，可借助图像标记信息解决问题。具体而言，首先根据原数据训练一个分类的初始模型。而后，利用该模型，对每张图生成对应的特征图（activation map）或热力图（heat map）[①]。这张特征图可指示图像区域与场景标记间的相关概率。之后，可根据此概率映射回原图选择较强相关的图像区域作为抠取的图像块。上述过程如图5-3所示，图5-3b展示了对应该场景图像的热力图，按照此热力图指示，我们选取了两个强响应区域作为抠取的扩充图像块。由于一开始利用了图像标记训练了一个初始分类模型，因此这样的过程被称作“监督式数据扩充”。这样的数据扩充方式适用于高层语义图像分类任务，如场景分类和基于图像的节日分类 [83] 等问题。

[①] 对于生成特征图的方式，可直接将分类模型最后一层卷积层特征按照深度方向加和得到，另外也可参见 [98] 生成 class activation map。

(a) 场景图像原图（标记为“海滩”）

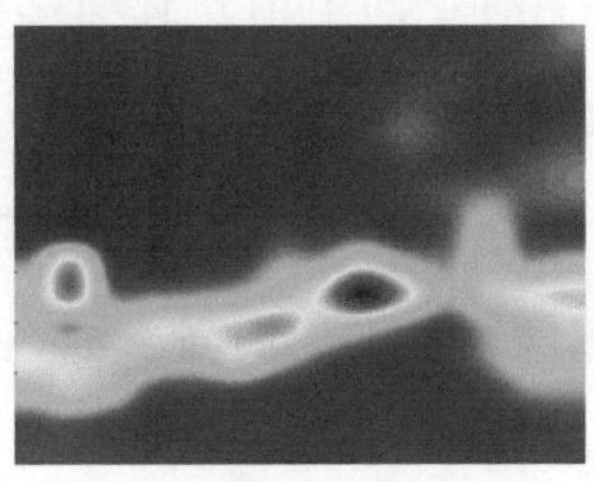

(b) 原图对应的热力图

(c) 根据监督式数据扩充法抠取的两个图像块

图 5-3 监督式数据扩充法 [91] 示意图

5.3 小结

§ 数据扩充是深度模型训练前必须执行的一步操作，此操作可扩充训练数据集，增加数据多样性，防止模型过拟合。

§ 一些简单的数据扩充方法为：图像水平翻转、随机抠取、尺度变换、旋转变换、色彩抖动等等。

§ 特殊的数据扩充方式有 Fancy PCA 和对基于高层语义进行图像分类任务较有效的“监督式数据扩充”方法等。

6 数据预处理

在人工智能（artificial intelligence）的应用领域中特别是计算机视觉（computer vision）和数据挖掘（data mining）等领域中，当我们开始着手处理数据前，首先要做的事情是观察、分析数据并获知其特性。同样地，在使用卷积神经网络模型处理图像数据的过程中，我们通过上一章介绍的数据扩充技术获得了足够的训练样本后，此时先不要急于开始模型训练。在训练前，数据预处理操作是必不可少的一步。

在机器学习中，对输入特征做归一化（normalization）预处理操作是常见的步骤。类似地，在图像处理中，同样可以将图像的每个像素信息看作一种特征。在实践中，对每个特征减去平均值来中心化数据是非常重要的，这种归一化处理方式被称作“中心式归一化”（mean normalization）。卷积神经网络中的数据预处理操作：通常是计算训练集图像像素均值，之后在处理训练集、验证集和测试集图像时需要分别减去该均值。减均值操作的原理是，我们默认自然图像是一类平稳的数据分布（即数据每一个维度的统计都服从相同分布），此时，从每个样本上减去数据的统计平均值（逐样本计算）可以移除共同部分，凸显个体差异。以 MATLAB 代码为例，图像减均值操作可以按以下步骤进行，其中，normalization.averageImage 中存储的是 ImageNet 训练数据集的均值，最后我们将原图重塑（resize）为分辨率为 224×224 的图像作为网络的输入数据。

```
% Abstract the mean values
im = imread('Maserati.jpg');
im_ = single(im);
im_ = imresize(im_, [224 224]);
im_ = bsxfun(@minus, im_, imresize(normalization.averageImage,
[224 224]));
% Normalization.averageImage is the mean values of training
images
```

需要注意的是，在实际操作中应首先划分好训练集、验证集和测试集，而该均值仅针对划分后的训练集计算。不可直接在未划分的所有图像上计算均值，如此会违背机器学习的基本原理，即“在模型训练过程中能且仅能从训练数据中获取信息”。

图6-1展示了图像减均值（未重塑）的效果。通过肉眼观察可以发现，“天空”等背景部分被有效“移除”了，而“车”和“建筑”等显著区域被“凸显”出来。

(a) 原图

(b) 减均值后

图 6-1　数据预处理，图像减均值

7 网络参数初始化

俗话说“万事开头难”，卷积神经网络训练也是如此。通过上一篇基础理论的介绍，我们知道神经网络模型一般依靠随机梯度下降法进行模型训练和参数更新，网络的最终性能与收敛得到的最优解直接相关，而收敛效果实际上又在很大程度上取决于网络参数最开始的初始化。理想的网络参数初始化可以使模型的训练事半功倍，相反，糟糕的初始化方案不仅会影响网络收敛甚至会导致“梯度弥散”或“爆炸”致使训练失败[①]。面对如此重要而充满技巧性的模型参数初始化，对于没有任何训练网络经验的使用者，他们往往不敢从头训练（from scratch）自己的神经网络。那么，关于网络参数初始化都有哪些方案？哪些又是相对有效、健壮的初始化方法？本章将逐一介绍和比较目前实践中常用的几种网络参数初始化方式。

[①] 举个例子，如网络使用 Sigmoid 函数作为非线性激活函数，若参数初始化为过大的值，则在前向运算时经过 Sigmoid 函数运算后的输出结果是几乎全为 0 或 1 的二值，从而导致在反向运算时的对应梯度全部为 0。这时便发生了“梯度弥散”现象。无独有偶，不理想的初始化对于 ReLU 函数也会产生问题。若使用了糟糕的参数初始化方法，则在前向运算时的输出结果有可能全部为负，经过 ReLU 函数运算后此部分变为全 0，而在反向运算时则毫无响应。这便是 ReLU 函数的“死区”现象。

7.1 全零初始化

通过合理的数据预处理和规范化，当网络收敛到稳定状态时，参数（权值）在理想情况下应基本保持正负各半的状态（此时期望为 0）。因此，一种简单且听起来合理的参数初始化做法是，干脆将所有参数都初始化为 0，因为这样可使得初始化为全 0 时参数的期望（expectation）与网络稳定时参数的期望一致为 0。

不过，仔细想来则会发现参数全为 0 时，网络不同神经元的输出必然相同，相同输出则导致梯度更新完全一样，这样便会令更新后的参数仍然保持一样的状态。换句话说，若对参数进行了全 0 初始化，那么网络神经元将无能力对此做出改变，从而无法进行模型训练。

7.2 随机初始化

将参数随机化自然是打破上述“僵局”的一个有效手段，不过我们仍然希望所有参数期望依旧接近 0。遵循这一原则，我们可将参数值随机设定为接近 0 的一个很小的随机数（有正有负）。在实际应用中，随机参数服从高斯分布（Gaussian distribution）或均匀分布（uniform distribution）都是较有效的初始化方式。

假设网络输入神经元个数为 n_{in}，输出神经元个数为 n_{out}，则服从高斯分布的参数随机初始化为：

```
% Parameter initialization following the Gaussian distribution
w = 0.001 .* randn(n_in, n_out);
```

其中的高斯分布为均值为 0、方差为 1 的标准高斯分布（standard normal

distribution)。式中的“0.001”为控制参数量纲的因子，这样可使得参数期望能保持在接近 0 的较小数值范围内。

但是，且慢！上述做法仍会带来一个问题，即网络输出数据分布的方差会随着输入神经元个数而改变（原因参见式7.1~7.5）。为解决这一问题，会在初始化的同时加上对方差大小的规范化，如：

```
% Calibrating the variances (the Xavier method)
w = (0.001 .* randn(n_in, n_out)) ./ sqrt(n);
```

其中，n 为输入神经元个数 n_{in}（有时也可指定为 $(n_{\text{in}} + n_{\text{out}})/2$）。这便是著名的“Xavier 参数初始化方法”[27]，实验对比发现使用此初始化方法的网络相比未做方差规范化的版本有更快的收敛速率。Xavier 这样初始化的原因在于维持了输入、输出数据分布方差的一致性，具体有下式（其中假设 $\boldsymbol{s}$ 为未经非线性变换的该层网络输出结果，$\boldsymbol{\omega}$ 为该层参数，$\boldsymbol{x}$ 为该层输入数据）：

$$\text{Var}(\boldsymbol{s}) = \text{Var}(\sum_i^n \omega_i x_i) \tag{7.1}$$

$$= \sum_i^n \text{Var}(\omega_i x_i) \tag{7.2}$$

$$= \sum_i^n [E(\omega_i)]^2 \,\text{Var}(x_i) + [E(x_i)]^2 \,\text{Var}(w_i) + \text{Var}(x_i)\text{Var}(\omega_i) \tag{7.3}$$

$$= \sum_i^n \text{Var}(x_i)\text{Var}(\omega_i) \tag{7.4}$$

$$= (n\text{Var}(\boldsymbol{\omega}))\text{Var}(\boldsymbol{x}). \tag{7.5}$$

因为输出 $\boldsymbol{s}$ 未经过非线性变换，故 $\boldsymbol{s} = \sum_i^n \omega_i x_i$。又因 $\boldsymbol{x}$ 各维服从独立同分布的假设，可得式7.1和式7.2，后由方差公式展开得式7.3。大家应该还记得，在本章一开始，我们就提到理想情况下处于稳定状态的神经网络参数和数据均值应为 0，则式7.3中的 $E(\omega_i) = E(x_i) = 0$，故式7.3可简化为式7.4，最终得到式7.5。为保证输出数据 $\mathrm{Var}(\boldsymbol{s})$ 和输入数据 $\mathrm{Var}(\boldsymbol{x})$ 方差一致，需令 $n\mathrm{Var}(\boldsymbol{\omega}) = 1$，即 $n \cdot \mathrm{Var}(\boldsymbol{\omega}) = n \cdot \mathrm{Var}(\mathrm{a}\boldsymbol{\omega}') = n \cdot a^2 \cdot \mathrm{Var}(\boldsymbol{\omega}') = 1$，则 $a = \sqrt{(1/n)}$，其中 $\boldsymbol{\omega}'$ 为方差规范化后的参数。这便是 Xavier 参数初始化的由来。

不过，细心的读者应该能发现 Xavier 方法仍有不甚完美之处，即该方法并未考虑非线性映射函数对输入 $\boldsymbol{s}$ 的影响。因为使用如 ReLU 等非线性映射函数后，输出数据的期望往往不再为 0，因此 Xavier 方法解决的问题并不完全符合实际情况。2015 年 He 等人 [34][①]对此提出改进——将非线性映射造成的影响考虑进参数初始化中，他们提出原本 Xavier 方法中方差规范化的分母应为 $\sqrt{(n/2)}$ 而不是 $\sqrt{n}$。

文献 [34] 中给出了 He 参数初始化方法与 Xavier 参数初始化方法的收敛结果对比，如图7-1所示，由图可以看出，因为考虑了 ReLU 非线性映射函数的影响，He 参数初始化方法（图中红线）比 Xavier 参数初始化方法（图中蓝线）拥有更好的收敛效果，尤其是在 30 层这种更深层的卷积网络上，Xavier 方法不能收敛而 He 方法可在第 9 轮（epoch）收敛到较好的（局部）最优解。

[①] 值得一提的是，He 等人的模型 [34] 是首个在 ILSVRC 的 1000 类图像分类任务中取得比人类分类错误率（top-5 为 5.1%）低的深度卷积神经网络模型（top-5 为 4.94%），其中起作用的不仅是 He 初始化方法，还结合使用了一种不同于 ReLU 的非线性激活函数——参数化 ReLU（parametric rectified linear unit）。有关“参数化 ReLU”的详细内容请参见第8章。

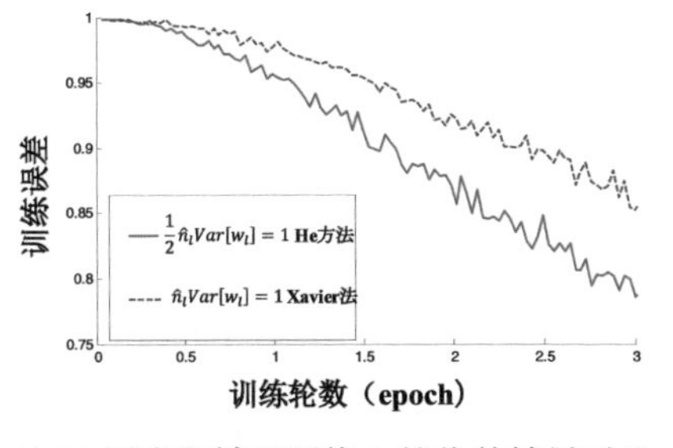

(a) 22 层卷积神经网络上的收敛结果对比

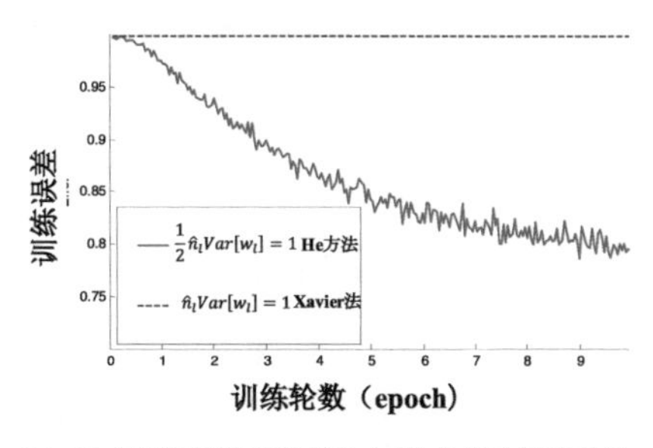

(b) 30 层卷积神经网络上的收敛结果对比

图 7-1　Xavier 参数初始化方法与 He 参数初始化方法对比 [34]。纵轴为误差，横轴为训练轮数

以上是参数初始化分布服从高斯分布的情形。刚才还提到均匀分布也是一种很好的初始化分布，当参数初始化分布服从均匀分布（uniform distribution）时，由于分布性质的不同，对于均匀分布需指定其取值区间，则 Xavier 初始化方法和 He 初始化方法分别修改为：

```
% Parameter initialization following the uniform distribution
% The Xavier method
low = -sqrt(3/n); high = sqrt(3/n);
% The interval is [low,high].
rand_param = low + (high - low) .* rand(n_in, n_out);
w = 0.001 .* rand_param;
```

```
% Parameter initialization following the uniform distribution
% The He method
low = -sqrt(6/n); high = sqrt(6/n);
% The interval is [low,high].
rand_param = low + (high - low) .* rand(n_in, n_out);
w = 0.001 .* rand_param;
```

7.3 其他初始化方法

除了直接随机初始化网络参数，一种简便易行且十分有效的方式则是利用预训练模型（pre-trained model）——将预训练模型的参数作为新任务上模型的初始化参数。由于预训练模型已经在原先任务（如 ImageNet[①]、Places205[②]等数据集）上收敛到较理想的局部最优解，加上很容易获得这些预训练模型[③]，用此最优解作为新任务的初始化参数无疑是一个优质首选。

另外，2016 年美国加州伯克利分校和卡内基梅隆大学的研究者提出了一种数据敏感的参数初始化方式 [50][④]，其是一种根据自身任务数据集量身定制的参数初始化方式，读者在进行自己的任务训练时不妨尝试一下。

7.4 小结

§ 网络参数初始化的优劣在极大程度上决定了网络的最终性能。

§ 比较推荐的网络初始化方式为 He 方法，将参数初始化为服从高斯分布或均匀分布的较小随机数，同时对参数方差需加以规范化。

§ 借助预训练模型中的参数作为新任务的参数初始化方式是一种简便易行且十分有效的模型参数初始化方法。

[①] ImageNet 数据集：www.image-net.org/。

[②] Places205 数据集：http://places.csail.mit.edu/。

[③] 许多深度学习开源工具都提供了预训练模型的下载，具体内容请参见第14章“深度学习开源工具简介”。

[④] “数据敏感的参数初始化方式”代码链接：https://github.com/philkr/magic_init。

8 激活函数

“激活函数”，又称“非线性映射函数”，是深度卷积神经网络中不可或缺的关键模块。可以说，深度网络模型强大的表示能力大部分是由激活函数的非线性带来的。在2.5节中，我们曾简单介绍了 Sigmoid 型函数和修正线性单元（ReLU 型函数）这两种著名的激活函数。本章将系统介绍、对比 7 种当下深度卷积神经网络中常用的激活函数：Sigmoid 型函数、$\tanh(x)$ 型函数、修正线性单元（ReLU）、Leaky ReLU、参数化 ReLU、随机化 ReLU 和指数化线性单元（ELU）。

激活函数模拟了生物神经元特性，接受一组输入信号并产生输出，通过一个阈值模拟神经元的激活和兴奋状态，从图8-1可明显发现，二者在抽象层面极其相似。下面，我们从在人工神经网络发展过程中首个被广泛接受的激活函数 Sigmoid 型函数开始说起。

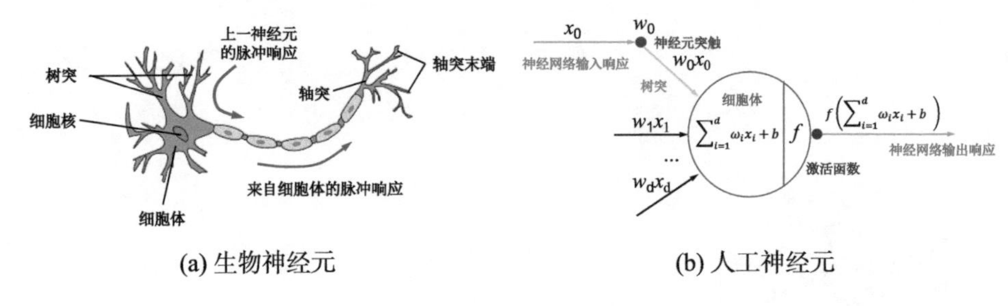

(a) 生物神经元　　(b) 人工神经元

图 8-1　生物神经元与人工神经元的对比

8.1　Sigmoid 型函数

Sigmoid 型函数也称 Logistic 函数：

$$\sigma(x) = \frac{1}{1+\exp(-x)}. \tag{8.1}$$

函数形状如图8-2a所示。很明显，经过 Sigmoid 型函数作用后，输出响应的值域被压缩到 $[0,1]$ 之间，而 0 对应了生物神经元的“抑制状态”，1 则恰好对应了“兴奋状态”。但对于 Sigmoid 型函数两端大于 5（或小于 -5）的区域，这部分输出会被压缩到 1（或 0）。这样的处理会带来梯度的“饱和效应”（saturation effect）。不妨对照 Sigmoid 型函数的梯度图（图8-2b）看一下，大于 5（或小于 -5）部分的梯度接近 0，这会导致在误差反向传播过程中导数处于该区域的误差很难甚至无法被传递至前层，进而导致整个网络无法正常训练。

另外，从图8-2a中可观察到，Sigmoid 型激活函数值域的均值并非为 0，而是全为正，这样的结果实际上并不符合我们对神经网络内数值的期望（均值）应为 0 的设想。

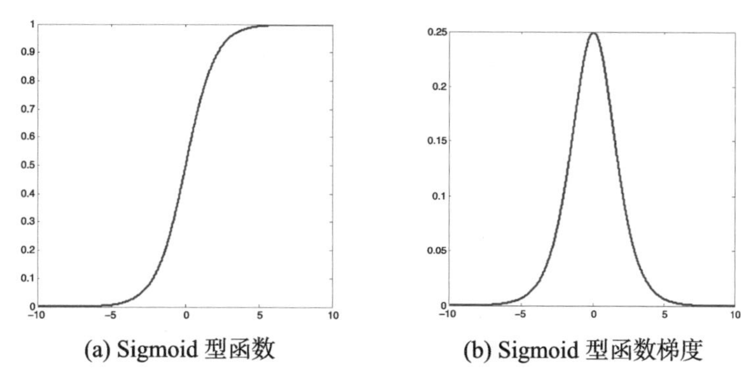

(a) Sigmoid 型函数　(b) Sigmoid 型函数梯度

图 8-2　Sigmoid 型函数及其函数梯度

8.2　$\tanh(x)$ 型函数

$\tanh(x)$ 型函数是在 Sigmoid 型函数基础上为解决均值问题提出的激活函数：

$$\sigma(x) = \frac{1}{1+\exp(-x)} - 0.5. \tag{8.2}$$

实际上，$\tanh(x)$ 型函数为 Sigmoid 型函数“下移”0.5 个单位得来，如此 $\tanh(x)$ 型函数输出响应的均值就是 0。当然，“下移”操作并不会改变 $\tanh(x)$ 型函数的导数的形状与性质，因此使用 $\tanh(x)$ 型函数仍发生“梯度饱和”现象。

8.3　修正线性单元（ReLU）

为了避免梯度饱和现象的发生，Nair 和 Hinton 在 2010 年将修正线性单元（Rectified Linear Unit，ReLU）引入神经网络 [69]。ReLU 函数是目前深度卷积神经网络中最为常用的激活函数之一。

ReLU 函数实际上是一个分段函数，其定义为：

$$\text{ReLU}(x) = \max\{0, x\} \tag{8.3}$$

$$= \begin{cases} x & x \geqslant 0 \\ 0 & x < 0 \end{cases}. \tag{8.4}$$

与前两个激活函数相比，ReLU 函数的梯度在 $x \geqslant 0$ 时为 1，反之为 0（如图8-3所示）；$x \geqslant 0$ 部分完全消除了 Sigmoid 型函数的梯度饱和效应。在计算复杂度上，ReLU 函数也相对前两者的指数函数计算更为简单。同时，实验中还发现 ReLU 函数有助于随机梯度下降方法收敛，收敛速度约快 6 倍左右 [52]。不过，ReLU 函数也有自身的缺陷，即在 $x < 0$ 时，梯度便为 0。换句话说，对于小于 0 的这部分卷积结果响应，它们一旦变为负值将再无法影响网络训练——这种现象被称作“死区”。

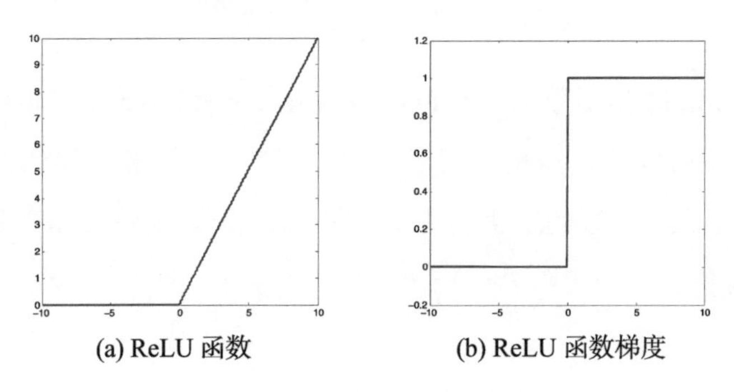

(a) ReLU 函数　　(b) ReLU 函数梯度

图 8-3　ReLU 函数及其函数梯度

8.4 Leaky ReLU

为了缓解“死区”现象，研究者将 ReLU 函数中 $x < 0$ 的部分调整为 $f(x) = \alpha \cdot x$，其中 α 为 0.01 或 0.001 数量级的较小正数。这种新型的激活函数被称作 Leaky ReLU[64]：

$$\text{Leaky ReLU}(x) = \begin{cases} x & x \geqslant 0 \\ \alpha \cdot x & x < 0 \end{cases}. \tag{8.5}$$

可以发现，原始 ReLU 函数实际上是 Leaky ReLU 函数的一个特例，即 $\alpha = 0$ 时（见图8-4a和图8-4b）。不过由于 Leaky ReLU 中的 α 为超参数，较难设定合适的值且较为敏感，因此 Leaky ReLU 函数在实际使用中的性能并不十分稳定。

8.5 参数化 ReLU

参数化 ReLU [34] 的提出很好地解决了 Leaky ReLU 中超参数 α 不易设定的问题：参数化 ReLU 直接将 α 也作为一个网络中可学习的变量融入模型的整体训练过程。在求解参数化 ReLU 时，文献 [34] 中仍使用传统的误差反向传播和随机梯度下降方法，对于参数 α 的更新遵循链式法则，具体推导细节在此不过多赘述，感兴趣的读者可参考文献 [34]。

在实验结果验证方面，文献 [34] 曾在一个 14 层卷积网络上对比了 ReLU 和参数化 ReLU 在 ImageNet 2012 数据集上的分类误差（top-1 和 top-5）。网络结构如表8-1所示，每层卷积操作后均有参数化 ReLU 操作。表中第二列和第三列数值分别表示各层不同通道（channel）共享参数 α 和独享参数 α[①]时网络自动学习的 α 取值。实验结果如表8-2所示。可以发现，在分类精度上，使用参数化 ReLU 作为激活函数的网络要优于使用原始 ReLU 的网络，同时自由度较大的各通道独享参数的参数化 ReLU 性能更优。另外，需指出表8-1中几个有趣的观察：

[①] 假设某卷积层输出为 d 个通道，当送入参数化 ReLU 时，可选择 d 个通道共享同一参数 α，也可选择 d 个通道对应 d 个不同的 α。显然，后者具有更大的自由度。

1. 与第一层卷积层搭配的参数化 ReLU 的 α 取值（表8-1中第一行上的 0.681 和 0.596）远大于 ReLU 中的 0。这表明网络较浅层所需非线性较弱。同时，我们知道，浅层网络特征一般多被表示为“边缘”、“纹理”等特性的泛化特征。这一观察说明对于此类特征正负响应（activation）均很重要；这也解释了固定 α 取值的 ReLU（$\alpha = 0$）和 Leaky ReLU 相比参数化 ReLU 性能较差的原因。

2. 请注意，在独享参数设定下学到的 α 取值（表8-1中的最后一列）呈现由浅层到深层依次递减的趋势，这说明实际上网络所需的非线性能力随网络深度增加而递增。

表 8-1　文献 [34] 实验中的 14 层网络及在不同设定下学到的参数化 ReLU 中超参数 α 取值

网络结构		学到的 α 取值	
		共享参数 α	独享参数 α
conv1	$f = 7; s = 2; d = 64$	0.681	0.596
pool1	$f = 3; s = 3$		
$conv2_1$	$f = 2; s = 1; d = 128$	0.103	0.321
$conv2_2$	$f = 2; s = 1; d = 128$	0.099	0.204
$conv2_3$	$f = 2; s = 1; d = 128$	0.228	0.294
$conv2_4$	$f = 2; s = 1; d = 128$	0.561	0.464
pool2	$f = 2; s = 2$		
$conv3_1$	$f = 2; s = 1; d = 256$	0.126	0.196
$conv3_2$	$f = 2; s = 1; d = 256$	0.089	0.152
$conv3_3$	$f = 2; s = 1; d = 256$	0.124	0.145
$conv3_4$	$f = 2; s = 1; d = 256$	0.062	0.124
$conv3_5$	$f = 2; s = 1; d = 256$	0.008	0.134
$conv3_6$	$f = 2; s = 1; d = 256$	0.210	0.198
SPP [35]	$\{6, 3, 2, 1\}$		
fc_1	4096	0.063	0.074
fc_2	4096	0.031	0.075
fc_3	1000		

表 8-2 ReLU 与参数化 ReLU 在 ImageNet 2012 数据集上分类错误率对比

	top-1	top-5
ReLU	33.82	13.34
参数化 ReLU（共享参数 α）	32.71	12.87
参数化 ReLU（独享参数 α）	**32.64**	**12.75**

不过万事皆具两面性，参数化 ReLU 在带来更大自由度的同时，也增加了网络模型过拟合的风险，在实际使用中需格外注意。

8.6 随机化 ReLU

另一种解决 α 超参设定的方式是将其随机化，这便使用到了随机化 ReLU。该方法于 2015 年在 kaggle[①]举办的“国家数据科学大赛”（national data science bowl）——浮游动物的图像分类[②]中首次被提出并使用。比赛中参赛者凭借随机化 ReLU 一举夺冠。

对于随机化 ReLU 中 α 的设定，其取值在训练阶段服从均匀分布，在测试阶段则将其指定为该均匀分布对应的分布期望 $\frac{l+u}{2}$：

$$\text{Randomized ReLU}(x) = \begin{cases} x & x \geqslant 0 \\ \alpha' \cdot x & x < 0 \end{cases}, \tag{8.6}$$

其中：

$$\alpha' \sim U(l, u), l < u, \text{ and } l, u \in [0, 1). \tag{8.7}$$

① kaggle 公司是由联合创始人兼首席执行官 Anthony Goldbloom 于 2010 年在墨尔本创立的，主要是为开发商和数据科学家提供举办机器学习竞赛、托管数据库、编写和分享代码的平台。网站链接：https://www.kaggle.com/。

② 竞赛链接：https://www.kaggle.com/c/datasciencebowl。

最后，我们在图8-4中对比了 ReLU、Leaky ReLU、参数化 ReLU 和随机化 ReLU 四种激活函数，读者可由该图直观地比较它们的差异。

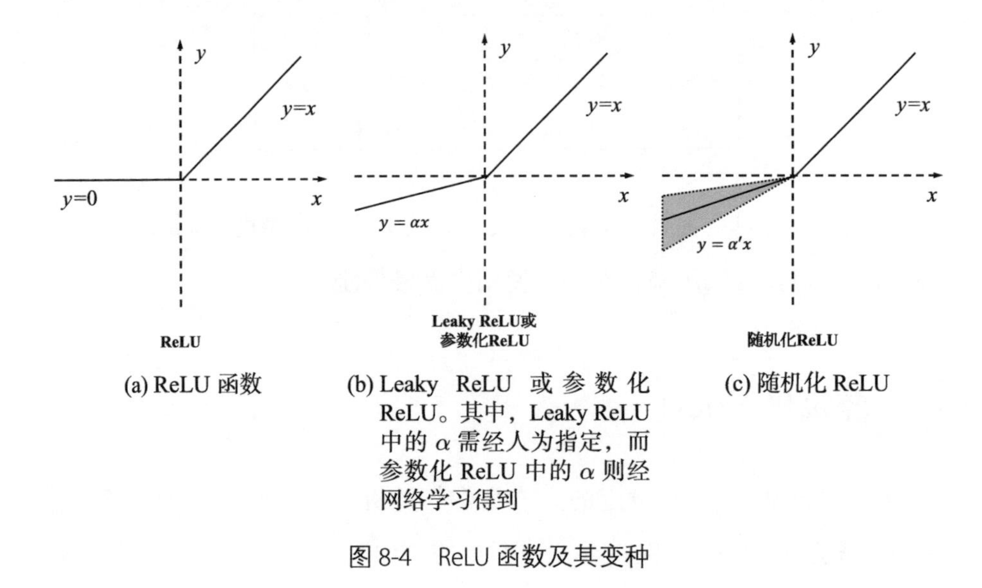

(a) ReLU 函数

(b) Leaky ReLU 或参数化 ReLU。其中，Leaky ReLU 中的 α 需经人为指定，而参数化 ReLU 中的 α 则经网络学习得到

(c) 随机化 ReLU

图 8-4　ReLU 函数及其变种

8.7　指数化线性单元（ELU）

2016 年，Clevert 等人 [8] 提出了指数化线性单元（Exponential Linear Unit，ELU）：

$$\mathrm{ELU}(x) = \begin{cases} x & x \geqslant 0 \\ \lambda \cdot (\exp(x) - 1) & x < 0 \end{cases}. \tag{8.8}$$

如图8-5所示，显然，ELU 具备 ReLU 函数的优点，同时 ELU 也解决了 ReLU 函数自身的“死区”问题。不过，ELU 函数中的指数操作稍稍增大了计算量。在实际使用中，ELU 中的超参数 λ 一般被设置为 1。

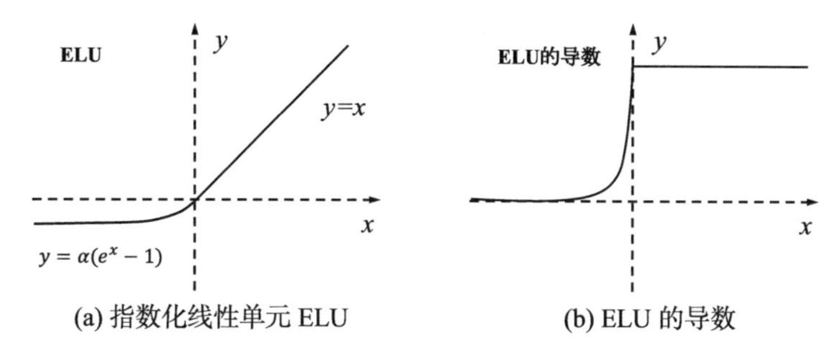

(a) 指数化线性单元 ELU　　(b) ELU 的导数

图 8-5　指数化线性单元 ELU 及其导数

8.8 小结

§ 激活函数（非线性映射函数）对为深度网络模型引入非线性而产生强大表示能力功不可没。

§ Sigmoid 型函数是历史上最早的激活函数之一，但它与 $\tanh(x)$ 型函数一样会产生梯度饱和效应，因此在实践中不建议使用。

§ 建议首先使用目前最常用的 ReLU 激活函数，但需注意模型参数初始化（参见第7章）和学习率（参见11.2.2节）的设置。

§ 为了进一步提高模型精度，可尝试使用 Leaky ReLU、参数化 ReLU、随机化 ReLU 和 ELU。但四者之间实际性能优劣并无一致性结论，需具体问题具体讨论。

目标函数

深度网络中的目标函数（objective function）[①]可谓整个网络模型的“指挥棒”，通过样本的预测结果与真实标记之间产生的误差反向传播指导网络参数学习与表示学习。本章将介绍分类（classification）和回归（regression）这两类经典预测任务中的一些目标函数，读者可根据实际问题需求选择使用合适的目标函数或使用它们的组合。另外，为防止模型过拟合或达到其他训练目标（如希望得到稀疏解），正则项通常作为对参数的约束也会被加入目标函数中一起指导模型训练。有关正则项的具体内容请参见本书第10章“网络正则化”。

9.1 分类任务的目标函数

假设某分类任务共有 N 个训练样本，针对网络最后分类层第 i 个样本的输入特征为 $\boldsymbol{x}_i$，其对应的真实标记为 $y_i \in \{1, 2, \dots, C\}$，另 $\boldsymbol{h} = (h_1, h_2, \dots, h_C)^\top$ 为网络的最终输出，即样本 i 的预测结果，其中 C 为分类任务类别数。

[①] 目标函数，亦称“损失函数”（loss function）或“代价函数”（cost function）。

9.1.1 交叉熵损失函数

交叉熵（cross entropy）损失函数又称 Softmax 损失函数，是目前卷积神经网络中最常用的分类目标函数。其形式为：

$$\mathcal{L}_{\text{cross entropy loss}} = \mathcal{L}_{\text{softmax loss}} = -\frac{1}{N}\sum_{i=1}^{N}\log\left(\frac{\mathrm{e}^{h_{y_i}}}{\sum_{j=1}^{C}\mathrm{e}^{h_j}}\right), \tag{9.1}$$

即通过指数化变换使网络输出 $\boldsymbol{h}$ 转换为概率形式。

9.1.2 合页损失函数

在支持向量机中被广泛使用的合页损失函数（hinge loss）有时也会作为目标函数在神经网络模型中使用：

$$\mathcal{L}_{\text{hinge loss}} = \frac{1}{N}\sum_{i=1}^{N}\max\left\{0, 1 - h_{y_i}\right\}. \tag{9.2}$$

需要指出的是，一般的分类任务中的交叉熵损失函数的分类效果略优于合页损失函数的分类效果。

9.1.3 坡道损失函数

对支持向量机有一定了解的读者应该知道合页损失函数的设计理念，即“对错误越大的样本施加越严重的惩罚”。可是这一损失函数对噪声的抵抗能力较差。试想，若某样本标记本身是错误的或该样本本身是离群点（outlier），则由于错分导致该样本分类误差会变得很大，如此便会影响整个分类超平面的学习，从而降低模型泛化能力。非凸损失函数的引入则很好地解决了这个问题。

其中，坡道损失函数（ramp loss function）和 Tukey's biweight 损失函数分别是分类任务和回归任务中非凸损失函数的代表。由于它们针对噪声数据和离群点具备良好的抗噪特性，因此也常被称为“鲁棒损失函数”（robust loss functions）。这类损失函数的共同特点是在分类（回归）误差较大区域进行了“截断”，使得较大的误差不再较大程度影响整个误差函数。但是，这类函数因其非凸（non-convex）的性质使得传统机器的学习优化过于繁杂，甚至有时根本无法进行。不过，“这点”非凸性质放在神经网络模型优化中实属“小巫见大巫”——整个网络模型本身就是个巨大的非凸函数，得益于神经网络模型的训练机制使得此类非凸优化不再成为难题。

坡道损失函数 [10]（ramp loss）的定义为：

$$\mathcal{L}_{\text{ramp loss}} = \mathcal{L}_{\text{hinge loss}} - \frac{1}{N}\sum_{i=1}^{N}\max\{0, s - h_{y_i}\} \tag{9.3}$$

$$= \frac{1}{N}\sum_{i=1}^{N}\left(\max\{0, 1 - h_{y_i}\} - \max\{0, s - h_{y_i}\}\right), \tag{9.4}$$

其中，s 指定了“截断点”的位置。由于坡道损失函数实际在 s 处“截断”合页损失函数，因此坡道损失函数也被称为“截断合页损失函数”（truncated hinge loss function）。图9-1显示了合页损失函数和坡道损失函数的图形。很明显，坡道损失函数是非凸的，其截断点在 $s = -0.5$ 处。不过细心的读者或许会提出，“坡道损失函数在 $x = 1$ 和 $x = s$ 两处是不可导的，这该如何进行误差的反向传播？”不要着急，其实在真实情况下并不要求必须满足严格的数学上的连续，因为计算机内部的浮点计算并不会出现导数完全落在“尖点”的非常情况，最多只会落在“尖点”附近。若导数值在这两个“尖点”附近，只需给出对应的导数值即可，因此数学上的“尖点”不可导并不影响实际使用。对于“截断点”s 的设置，根据文献 [90] 的理论推导，s 的取值最好根据分类任务的类别数 C 而定，一般设置为 $s = -\frac{1}{C-1}$。

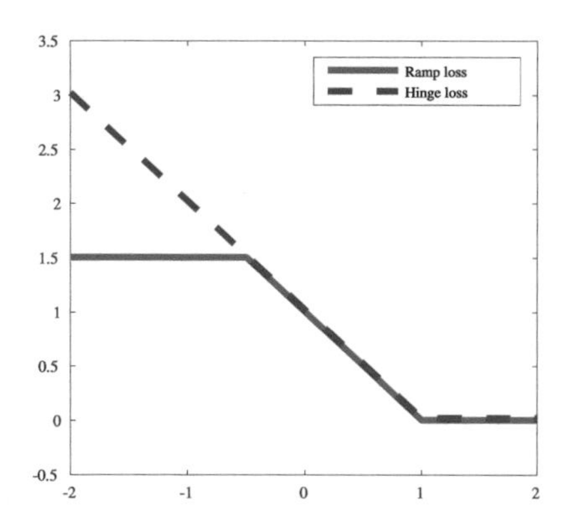

图 9-1 合页损失函数（蓝色虚线）与坡道损失函数（红色实线）

以上提到的交叉熵损失函数、合页损失函数和坡道损失函数只是简单衡量了模型预测值与样本真实标记之间的误差从而指导训练过程，它们并没有显式地将特征判别性学习考虑进整个网络训练中。对此，为了进一步提高学习到的特征表示的判别性，近年来研究者们基于交叉熵损失函数设计了一些新型损失函数，如大间隔交叉熵损失函数（large-margin softmax loss）、中心损失函数（center loss）。这些损失函数考虑了增大类间距离、减小类内差异等不同因素，进一步提升了网络学习特征的判别能力。

9.1.4 大间隔交叉熵损失函数

上面提到的网络输出结果 $\boldsymbol{h}$ 实际上是全连接层参数 $\boldsymbol{W}$ 与该层特征向量 $\boldsymbol{x}_i$ 的内积，即 $\boldsymbol{h}=\boldsymbol{W}^\top\boldsymbol{x}_i$（为表达简洁，式中未体现偏置项 b）。因此传统的交叉熵损失函数（Softmax 损失函数）还可表示为：

$$\mathcal{L}_{\text{softmax loss}}=-\frac{1}{N}\sum_{i=1}^{N}\log\left(\frac{\mathrm{e}^{\boldsymbol{W}_{y_i}^\top\boldsymbol{x}_i}}{\sum_{j=1}^{C}\mathrm{e}^{\boldsymbol{W}_j^\top\boldsymbol{x}_i}}\right), \tag{9.5}$$

其中，$\boldsymbol{W}_i^\top$ 为 $\boldsymbol{W}$ 第 i 列参数值。同时，根据内积定义，式9.5可变换为：

$$\mathcal{L}_{\text{softmax loss}} = -\frac{1}{N}\sum_{i=1}^{N}\log\left(\frac{\mathrm{e}^{\|\boldsymbol{W}_{y_i}\|\|\boldsymbol{x}_i\|\cos(\theta_{y_i})}}{\sum_{j=1}^{C}\mathrm{e}^{\|\boldsymbol{W}_j\|\|\boldsymbol{x}_i\|\cos(\theta_j)}}\right), \tag{9.6}$$

式中的 θ_j $(0 \leqslant \theta_j \leqslant \pi)$ 为向量 $\boldsymbol{W}_i^\top$ 和 $\boldsymbol{x}_i$ 的夹角。

以二分类为例，对隶属于第 1 个类别的某样本 $\boldsymbol{x}_i$ 而言，为分类正确，传统交叉熵损失函数需迫使学到的参数满足：$\boldsymbol{W}_1^\top\boldsymbol{x}_i > \boldsymbol{W}_2^\top\boldsymbol{x}_i$，亦即 $\|\boldsymbol{W_1}\|\|\boldsymbol{x}_i\|\cos(\theta_1) > \|\boldsymbol{W_2}\|\|\boldsymbol{x}_i\|\cos(\theta_2)$。大间隔交叉熵损失函数（large-margin softmax loss function）[58] 为使特征更具分辨能力，则在此基础上要求二者差异更大，即引入 m “拉大”二者差距，这便是“大间隔”名称的由来。$\|\boldsymbol{W_1}\|\|\boldsymbol{x}_i\|\cos(m\theta_1) > \|\boldsymbol{W_2}\|\|\boldsymbol{x}_i\|\cos(\theta_2)$ $(0 \leqslant \theta_1 \leqslant \frac{\pi}{m})$。式中 m 为正整数，起到控制间隔大小的作用，m 越大，类间间隔越大，反之亦然。特别地，当 $m = 1$ 时，大间隔交叉熵损失函数即退化为传统交叉熵损失函数。

综合以上可得：

$$\|\boldsymbol{W_1}\|\|\boldsymbol{x}_i\|\cos(\theta_1) \geqslant \|\boldsymbol{W_1}\|\|\boldsymbol{x}_i\|\cos(m\theta_1) > \|\boldsymbol{W_2}\|\|\boldsymbol{x}_i\|\cos(\theta_2). \tag{9.7}$$

可以发现，上式不仅满足传统交叉熵损失函数的约束，在确保分类正确的同时增大了不同类别间分类的置信度，这有助于进一步提升特征分辨能力（discriminative ability）。

大间隔交叉熵损失函数 [58] 的定义为：

$$\mathcal{L}_{\text{large-margin softmax loss}} = -\frac{1}{N}\sum_{i=1}^{N}\log\left(\frac{\mathrm{e}^{\|\boldsymbol{W_i}\|\|\boldsymbol{x}_i\|\phi(\theta_{y_i})}}{\mathrm{e}^{\|\boldsymbol{W}_i\|\|\boldsymbol{x}_i\|\phi(\theta_{y_i})}+\sum_{j\neq y_i}\mathrm{e}^{\|\boldsymbol{W_j}\|\|\boldsymbol{x}_i\|\cos(\theta_j)}}\right). \tag{9.8}$$

比较可发现，上式与式9.6的区别仅在于将第 i 类分类间隔“拉大”了：由 $\cos(\theta_{y_i})$ 变为 $\phi(\theta_{y_i})$。其中：

$$\phi(\theta)=\begin{cases}\cos(m\theta), & 0\leqslant\theta\leqslant\dfrac{\pi}{m}\\ \mathcal{D}(\theta), & \dfrac{\pi}{m}<\theta\leqslant\pi\end{cases}, \tag{9.9}$$

式中，$\mathcal{D}(\theta)$ 只需满足“单调递减”条件，且 $\mathcal{D}(\frac{\pi}{m})=\cos(\frac{\pi}{m})$。为简化网络前向和反向运算，文献 [58] 推荐了一种具体的 $\phi(\theta)$ 函数，形式如下：

$$\phi(\theta)=(-1)^k\cos(m\theta)-2k,\ \ \theta\in\left[\frac{k\pi}{m},\frac{(k+1)\pi}{m}\right], \tag{9.10}$$

式中，k 为整数，且满足 $k\in[0,m-1]$。

图9-2中的示意图直观地对比了二分类情形下 $\boldsymbol{W}_1$ 的模和 $\boldsymbol{W}_2$ 的模在“等于”、“大于”和“小于”三种不同关系下的决策边界 [58]。可以发现，大间隔交叉熵损失函数扩大了类间距离，由于它不仅要求分类正确且要求分开的类需保持较大间隔，使得训练目标相比传统交叉熵损失函数更困难。训练目标变困难后带来的一个额外好处便是可以起到防止模型过拟合的作用。因此，在分类性能方面，大间隔交叉熵函数要优于交叉熵损失函数和合页损失函数。

9.1.5 中心损失函数

大间隔交叉熵损失函数主要考虑增大类间距离。而中心损失函数（center loss function）[87] 则在考虑类间距离的同时还将一些注意力放在减小类内差异上。中心损失函数的定义为：

$$\mathcal{L}_{\text{center loss}}=\frac{1}{2}\sum_{i=1}^{N}\|\boldsymbol{x}_i-\boldsymbol{c}_{y_i}\|_2^2, \tag{9.11}$$

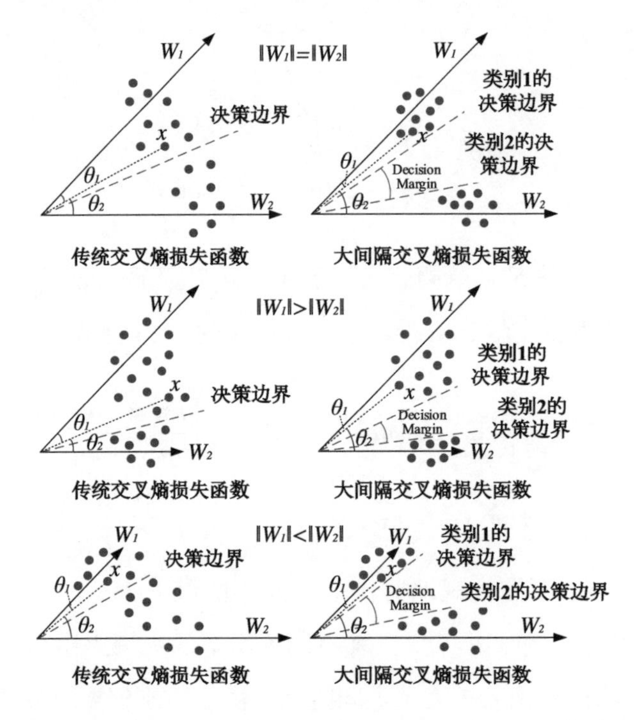

图 9-2　在二分类情形下，$\boldsymbol{W}_1$ 的模和 $\boldsymbol{W}_2$ 的模为不同关系时，传统交叉熵损失函数（左图）和大间隔交叉熵损失函数（右图）决策边界对比 [58]

其中，$\boldsymbol{c}_{y_i}$ 为第 y_i 类所有深度特征的均值（“中心”），故名“中心损失函数”。从直观上看，式9.11迫使所有隶属于 y_i 类的样本与中心不要距离过远，否则将增大惩罚。在实际使用时，由于中心损失函数本身考虑类内差异，因此应将中心损失函数与其他主要考虑类间距离的损失函数配合使用，如交叉熵损失函数，这样网络最终目标函数形式可表示为：

$$\mathcal{L}_{\text{final}} = \mathcal{L}_{\text{cross entropy loss}} + \lambda \mathcal{L}_{\text{center loss}}(\boldsymbol{h}, y_i) \tag{9.12}$$

$$= -\frac{1}{N}\sum_{i=1}^{N}\log\left(\frac{\mathrm{e}^{h_{y_i}}}{\sum_{j=1}^{C}\mathrm{e}^{h_j}}\right) + \frac{\lambda}{2}\sum_{i=1}^{N}\|\boldsymbol{x}_i - \boldsymbol{c}_{y_i}\|_2^2, \tag{9.13}$$

式中 λ 为两个损失函数间的调节项，λ 越大则类内差异占整个目标函数的比重越大，反之亦然。

图9-3展示了不同 λ 取值对分类结果的影响 [87]，其分类任务为“0”~“9”共 10 个手写字符识别任务[①]。图中不同颜色的“簇”表示不同类别手写字符（“0”~“9”）。可明显发现，在中心损失函数占比重较大时，簇更加集中，说明类内差异明显减小。另外需要指出的是，类内差异减小的同时也使得特征具备更强的判别能力（图9-3a~图9-3d 中簇的间隔越来越大，即类别区分性越来越大）。在分类性能方面，组合使用中心损失函数和传统交叉熵损失函数要优于只使用交叉熵损失函数作为目标函数的网络模型，特别是在人脸识别问题上可有较大性能提升 [87]。

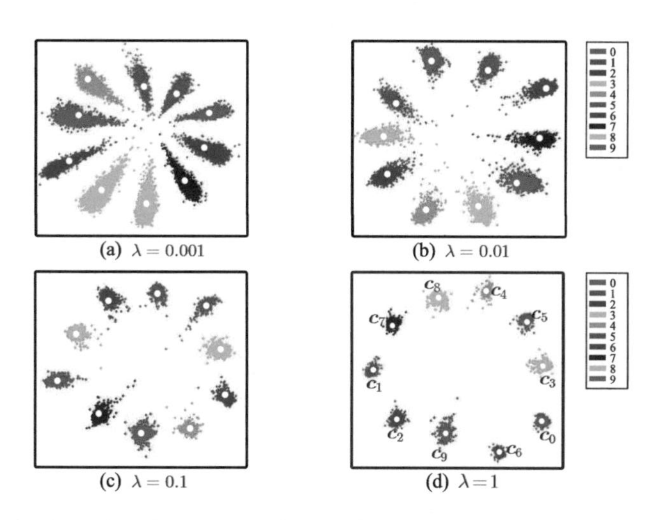

(a) $\lambda = 0.001$ (b) $\lambda = 0.01$

(c) $\lambda = 0.1$ (d) $\lambda = 1$

图 9-3 中心损失函数示意图 [87]。随 λ 增大，中心损失函数在整个目标函数中占比重增加，类内差异减小，特征分辨能力增强

9.2 回归任务的目标函数

在上一节的分类问题中，样本真实标记实际对应了一条独热向量（one hot vector）：对样本 i，该向量在 y_i 处为 1 表征该样本的真实隶属类别，而其余 $C-1$ 维均为 0。而在本节讨论的回归任务中，样本真实标记同样对应

[①] 数据集为 MNIST，可访问如下链接下载数据：http://yann.lecun.com/exdb/mnist/。

一条向量，但与分类任务真实标记的区别在于，回归任务真实标记的每一维为实数，而非二值（0 或 1）。

在介绍不同回归任务目标函数前，首先介绍一个回归问题的基本概念：残差或称为预测误差，其用于衡量模型预测值与真实标记的靠近程度。假设回归问题中对应于第 i 个输入特征 $\boldsymbol{x}_i$ 的真实标记为 $\boldsymbol{y}^i = (y_1, y_2, \ldots, y_M)^\top$，$M$ 为标记向量总维度，则 l_t^i 即表示样本 i 上网络回归预测值（$\hat{\boldsymbol{y}}^i$）与其真实标记在第 t 维的预测误差（亦称残差）：

$$l_t^i = y_t^i - \hat{y}_t^i. \tag{9.14}$$

9.2.1 ℓ_1 损失函数

常用的两种回归问题损失函数为 ℓ_1 和 ℓ_2。对 N 个样本的 ℓ_1 损失函数定义如下：

$$\mathcal{L}_{\ell_1\ \mathrm{loss}} = \frac{1}{N}\sum_{i=1}^{N}\sum_{t=1}^{M}|l_t^i|. \tag{9.15}$$

9.2.2 ℓ_2 损失函数

类似地，对 N 个样本的 ℓ_2 损失函数定义如下：

$$\mathcal{L}_{\ell_2\ \mathrm{loss}} = \frac{1}{N}\sum_{i=1}^{N}\sum_{t=1}^{M}\left(l_t^i\right)^2. \tag{9.16}$$

在实际使用中，ℓ_1 与 ℓ_2 损失函数在回归精度上几乎相差无几，不过在一些情况下 ℓ_2 损失函数可能会略优于 ℓ_1[97]，同时收敛速度方面 ℓ_2 损失函数也略快于 ℓ_1 损失函数。两者的函数示意图如图9-4a和图9-4b所示。

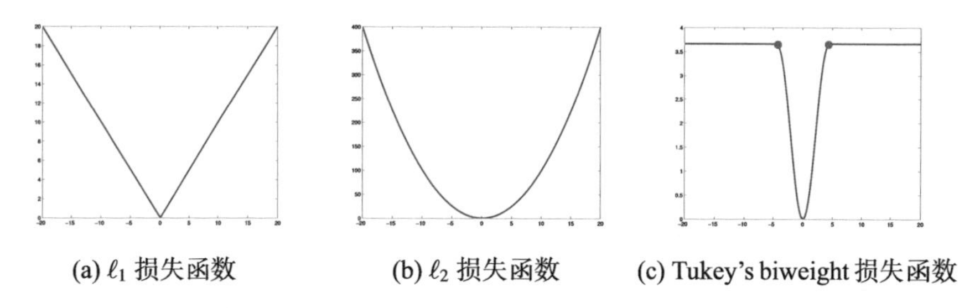

(a) ℓ_1 损失函数　(b) ℓ_2 损失函数　(c) Tukey's biweight 损失函数

图 9-4 回归损失函数对比。ℓ_1 损失函数、ℓ_2 损失函数和 Tukey's biweight 损失函数。其中，前两种损失函数为凸函数，Tukey's biweight 为非凸函数

9.2.3 Tukey's biweight 损失函数

同分类任务中提到的坡道损失函数一样，Tukey's biweight 损失函数 [3] 也是一类非凸损失函数，其可克服在回归任务中的离群点或样本噪声对整体回归模型的干扰和影响，是回归任务中一种健壮的损失函数，其定义如下：

$$\mathcal{L}_{\text{Tukey's biweight loss}} = \begin{cases} \dfrac{c^2}{6N}\sum_{i=1}^{N}\sum_{t=1}^{M}\left[1-\left(1-\left(\dfrac{l_t^i}{c}\right)^2\right)^3\right] & |l_t^i| \leqslant c \\ \dfrac{c^2 M}{6} & \text{其他} \end{cases}, \tag{9.17}$$

式中，常数 c 指定了函数拐点（图9-4c红点所示）的位置。需要指出的是，该超参数并不需要人为指定。一般情况下，当 $c = 4.6851$ 时，Tukey's biweight 损失函数可取得与 ℓ_2 损失函数在最小化符合标准正态分布时的残差类似的（95% 渐近）回归效果。

9.3 其他任务的目标函数

前面提到了分类和回归两类经典预测任务，但实际问题往往不能简单地划归为这两类问题。如图9-5所示，在年龄估计问题中，一个人的年龄

很难用一个单一的数字去描述。例如我们人类在判断年龄时经常会这样表达："这个人看起来 30 岁**左右**。"这个"左右"实际上表达了一种不确定性，但不确定的同时又有一种肯定，那就是这个人的年龄极大可能是 30 岁。该情况可以很自然地用一个"**标记的分布**"（label distribution 或 distribution of labels）来描述，即图9-5a中均值为 30 的正态分布 [24]。又如在头部姿态估计中很难对头部角度给定一个精准的度数，因此该问题中的样本便借助角度的分布作为标记目标 [23]。在多标记分类任务中，对于一些图中存在但难于识别的物体（如椅子、蜡烛等小物体），标记分布的利用可以在一定程度上缓解多标记任务中的类别不确信问题 [21]。而在图像语义分割中，当我们细看两种语义交汇边界时能发现图中实际也存在某种程度的类别不确信现象，如图9-5d中绿色框所示，图中边界区域既可说隶属"天空"类别，也可说隶属"鸟类"类别。标记分布的介入能提升语义分割性能，特别是边界区域的分割精度 [21]。

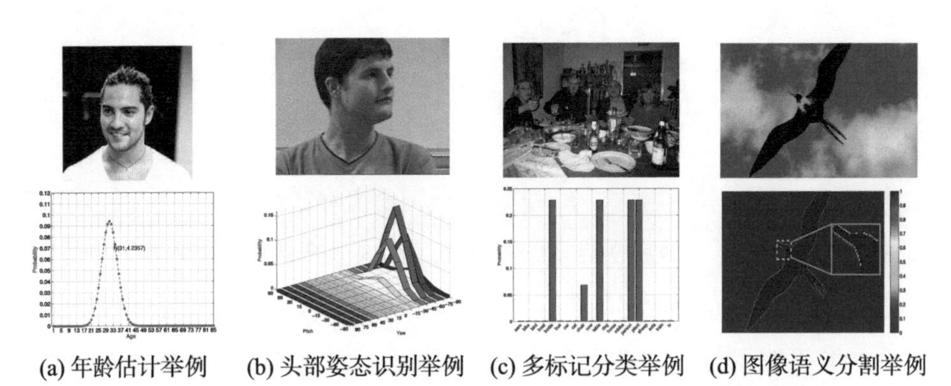

(a) 年龄估计举例　(b) 头部姿态识别举例　(c) 多标记分类举例　(d) 图像语义分割举例

图 9-5　使用标记分布（label distribution）作为标记目标的若干问题举例 [21]

通过上面的描述可知，标记分布问题明显有别于分类问题的离散标记，同时也和回归问题的连续标记有异。其与回归问题的显著差异在于，在回归问题中尽管标记连续，却不符合一个合法的概率分布。具体而言，假设 $\boldsymbol{h} = (h_1, h_2, \ldots, h_C)^\top$ 为网络模型对于输入样本 $\boldsymbol{x}_i$ 的最终输出结果，那么在利用标记分布技术解决问题之前，首先需要将 $\boldsymbol{h}$ 转化为一个合法分布。在此，以 Softmax 函数为例可将 $\boldsymbol{h}$ 转化为：

$$\hat{y}_k = \frac{\mathrm{e}^{h_k}}{\sum_{j=1}^{C} \mathrm{e}^{h_j}}. \tag{9.18}$$

其中，$k \in \{1, 2, \ldots, C\}$ 代表标记向量的第 k 维。针对预测的标记向量（标记分布）$\hat{\boldsymbol{y}}$，通常可用 Kullback-Leibler 散度（KL divergence）来度量其与真实标记向量 $\boldsymbol{y}$ 之间的误差，KL 散度也称 KL 损失（KL loss）：

$$\mathcal{L}_{\text{KL loss}} = \sum_k y_k \log \frac{y_k}{\hat{y}_k}. \tag{9.19}$$

由于 y_k 为常量，上式等价于：

$$\mathcal{L}_{\text{KL loss}} = -\sum_k y_k \log \hat{y}_k. \tag{9.20}$$

通过上式可衡量样本标记分布与真实标记分布之间的差异，并利用该差异指导模型训练。

9.4 小结

§ 本章介绍了分类和回归两类经典预测问题中常用的一些目标函数，不同目标函数各有特点，使用者可根据自身任务需要挑选合适的目标函数（组合）使用。

§ 在分类问题的目标函数中，交叉熵损失函数是最为常用的分类目标函数，且效果一般优于合页损失函数；大间隔损失函数和中心损失函数的出发点在于增大类间距离、减小类内距离，如此一来不仅要求分类准确，而且还有助于提高特征的分辨能力；坡道损失函数是分类问题目标函数中的一类非凸损失函数，由于其良好的抗噪特性，推荐将其用于样本噪声或离群点较多的分类任务中。

§ 在回归问题的目标函数中，ℓ_1 损失函数和 ℓ_2 损失函数是两个直观且常用的回归任务目标函数，在实际使用中 ℓ_2 损失函数略优于 ℓ_1 损失函数；Tukey's biweight 损失函数为回归问题中的一类非凸损失函数，同样具有良好的抗噪能力。

§ 在一些如人脸年龄估计、头部角度识别等任务样本标记具有不确定性的特殊应用场景下，基于标记分布（label distribution）的损失函数 [21] 不失为一种优质的选择。

10 网络正则化

机器学习的一个核心问题是，如何使学习算法（learning algorithm）不仅在训练样本上表现良好，并且在新数据或测试集上同样奏效，学习算法在新数据上的这样一种表现我们称之为模型的“泛化性”或“泛化能力”（generalization ability）。若某学习算法在训练集上表现优异，同时在测试集上依然工作良好，则可以说该学习算法有较强的泛化能力；若某算法在训练集上表现优异，但在测试集上却非常糟糕，则我们说这样的学习算法并没有泛化能力，这种现象也被称为“过拟合”（overfitting）[①]。

由于我们非常关心模型的预测能力，即模型在新数据上的表现，而不希望过拟合现象的发生，因而我们通常使用“正则化”（regularization）技术来防止过拟合情况。正则化是机器学习中通过显式地控制模型复杂度来避免模型过拟合，确保泛化能力的一种有效方式。如图10-1所示，如果将模型原始的假设空间比作“天空”，那么天空中自由飞翔的“鸟”就是模型可

[①] 过拟合，又称“过配”，是机器学习中的一个基本概念。给定一个假设空间 $\mathcal{H}$，一个假设 h 属于 $\mathcal{H}$，若存在其他的假设 h' 属于 $\mathcal{H}$，使得在训练样例上 h 的错误率比 h' 小，但在整个实例分布上 h' 比 h 的错误率小，那么就说假设 h 过度拟合训练数据。

能收敛到的一个个最优解。在施加了模型正则化后，就好比将原假设空间（“天空”）缩小到一定的空间范围（“笼子”），这样一来，可能得到的最优解（“鸟”）能搜寻的假设空间也变得相对有限。有限空间自然对应复杂度不太高的模型，也自然对应了有限的模型表达能力，这就是“正则化能有效防止模型过拟合”的一种直观解释。

图 10-1　模型正则化示意

许多浅层学习器（如支持向量机等）为了提高泛化性往往都要依赖模型正则化，深度学习更应如此。深度网络模型相比浅层学习器大得多的模型复杂度是把更锋利的双刃剑：保证模型更强大表示能力的同时也使模型蕴藏着更巨大的过拟合风险。深度模型的正则化可以说是整个深度模型搭建的最后一步，更是不可缺少的重要一步。本章将介绍 5 种在实践中常用的卷积神经网络正则化方法。

10.1　ℓ_2 正则化

ℓ_2 正则化与下一节要介绍的 ℓ_1 正则化都是机器学习模型中相当常见的模型正则化方式。在深度模型中也常用二者对操作层（如卷积层、分类层等）进行正则化，约束模型复杂度。假设待正则化的网络层参数为 $\boldsymbol{\omega}$，则 ℓ_2 正则项形式为：

$$\ell_2 = \frac{1}{2}\lambda\|\boldsymbol{\omega}\|_2^2, \tag{10.1}$$

其中，λ 控制正则项大小，较大的 λ 取值将较大程度地约束模型复杂度；反之亦然。在实际使用时，一般将正则项加入目标函数，通过整体目标函数的误差反向传播，从而达到正则项影响和指导网络训练的目的。

ℓ_2 正则化方式在深度学习中有个常用的叫法是“权重衰减”（weight decay），另外 ℓ_2 正则化在机器学习中还被称作“岭回归”（ridge regression）或 Tikhonov 正则化（Tikhonov regularization）。

10.2 ℓ_1 正则化

类似地，对于待正则化的网络层参数 $\boldsymbol{\omega}$，ℓ_1 正则项形式为：

$$\ell_1 = \lambda\|\boldsymbol{\omega}\|_1 = \lambda\sum_i |\omega_i|. \tag{10.2}$$

需注意，ℓ_1 正则化除了同 ℓ_2 正则化一样能约束参数量级外，ℓ_1 正则化还能起到使参数更稀疏的作用。稀疏化的结果使优化后的参数一部分为 0，另一部分为非 0 实值。非 0 实值的那部分参数可起到选择重要参数或特征维度的作用，同时也可起到去除噪声的作用。此外，ℓ_2 和 ℓ_1 正则化也可联合使用，形如：

$$\lambda_1\|\boldsymbol{\omega}\|_1 + \lambda_2\|\boldsymbol{\omega}\|_2^2. \tag{10.3}$$

这种形式也被称为“Elastic 网络正则化”[101]。

10.3 最大范数约束

最大范数约束（max norm constraints）是通过向参数量级的范数设置上限对网络进行正则化的手段，形如：

$$\|\boldsymbol{\omega}\|_2 < c, \tag{10.4}$$

其中，c 多取 10^3 或 10^4 数量级数值。有关“范数”的内容请参考本书附录A。

10.4 随机失活

随机失活（dropout）[78] 是目前几乎所有配备全连接层的深度卷积神经网络都在使用的网络正则化方法。随机失活在约束网络复杂度的同时，还是一种针对深度模型的高效集成学习（ensemble learning）[99] 方法。

在传统神经网络中，由于神经元间的互联，对于某单个神经元来说，其反向传导来的梯度信息同时也受到其他神经元的影响，可谓“牵一发而动全身”。这就是所谓的“复杂协同适应”效应（complex co-adaptation）。随机失活的提出在一定程度上缓解了神经元之间复杂的协同适应效应，降低了神经元之间的依赖程度，避免了网络过拟合的发生。其原理非常简单：对于某层的每个神经元，在训练阶段均以概率 p 随机将该神经元权重置 0（故被称作“随机失活”），测试阶段所有神经元均呈激活态，但其权重需乘以 $(1-p)$ 以保证训练和测试阶段各自权重拥有相同的期望，如图10-2所示。

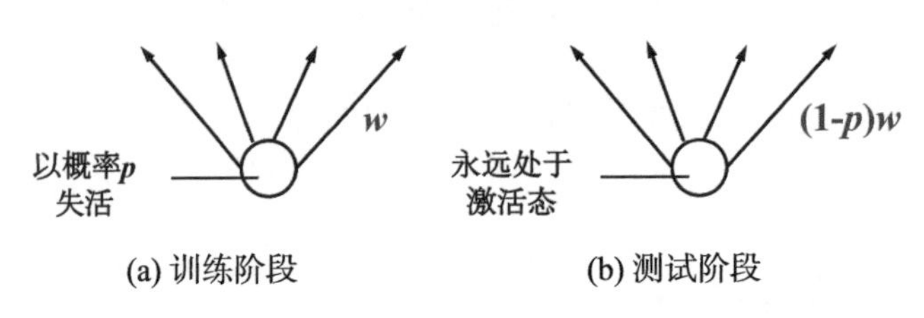

图 10-2　单个神经元的随机失活（dropout）示意

由于失活的神经元无法参与到网络训练，因此每次训练（前向操作和反向操作）时相当于面对一个全新网络。以含两层网络、各层有三个神经元的简单神经网络为例（见图10-3），若每层随机失活一个神经元，则该网络共可产生 9 种子网络。根据上述随机失活原理，训练阶段相当于共训练了 9 个子网络，测试阶段则相当于 9 个子网络的平均集成（average ensemble）。类似地，对于 Alex-Net 和 VGG 等网络最后的 4096 × 4096 全连接层来讲，随机失活后，便是指数级（exponentially）子网络的网络集成，这对于提升网络泛化性效果显著。

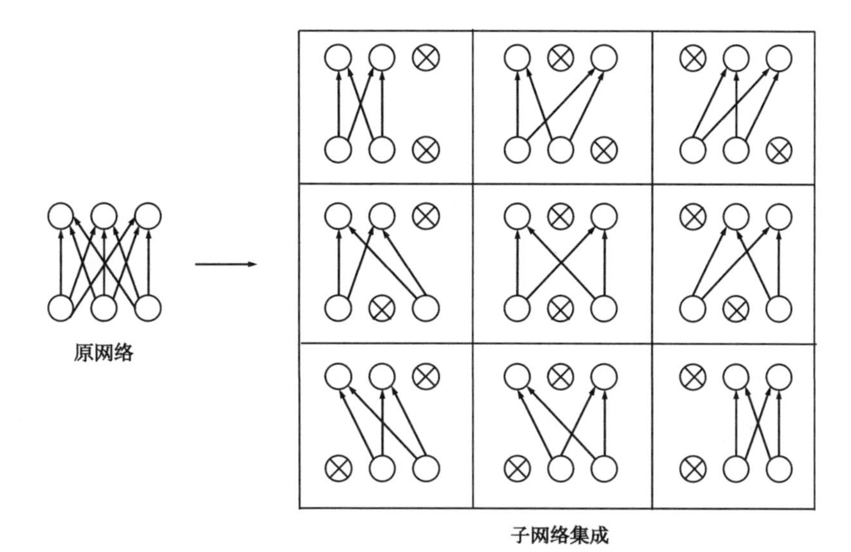

图 10-3 两层网络、各层含三个神经元的随机失活情形。每层随机失活一个神经元，共有 $C_3^1 \times C_3^1 = 9$ 种情况

另外，还需注意，随机失活操作在工程实现中并没有完全遵照原理，而是在训练阶段直接将随机失活后的网络响应（activation）乘以 $\frac{1}{1-p}$，这样测试阶段便不需做任何量级调整。这样的随机失活被称为“倒置随机失活”（inverted dropout），如图10-4所示。

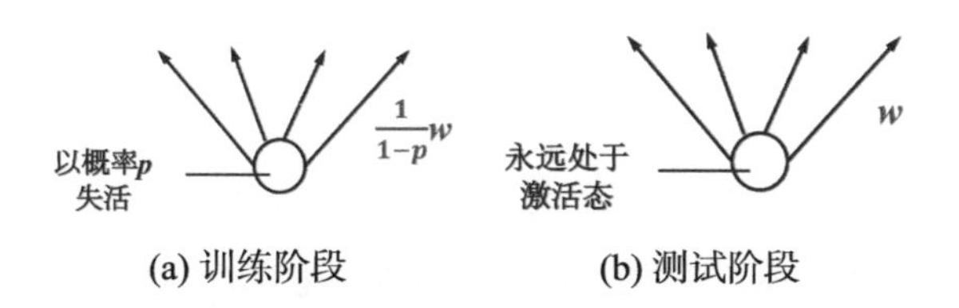

图 10-4 单个神经元的倒置随机失活（inverted dropout）示意

10.5 验证集的使用

通常，在模型训练前可从训练集数据随机划分出一个子集作为“验证集”，用以在训练阶段评测模型预测性能。一般在每轮或每次批处理训练后在该训练集和验证集上分别做网络前向运算，预测训练集和验证集样本标记，绘制学习曲线，以此检验模型泛化能力。

以模型的分类准确率为例，若模型在训练集和验证集上的学习曲线（learning curve）如图10-5a所示，验证集上的准确率一直低于训练集上的准确率，但无明显下降趋势。这说明此时模型复杂度欠缺，模型表示能力有限——属“欠拟合”状态。对此，可通过增加层数、调整激活函数、增加网络非线性、减小模型正则化等措施增大网络复杂度。相反，若验证集曲线不仅低于训练集，且随着训练轮数增长有明显下降趋势（见图10-5b），则说明模型已经过拟合。此时，应增大模型正则化，从而削弱网络复杂度。

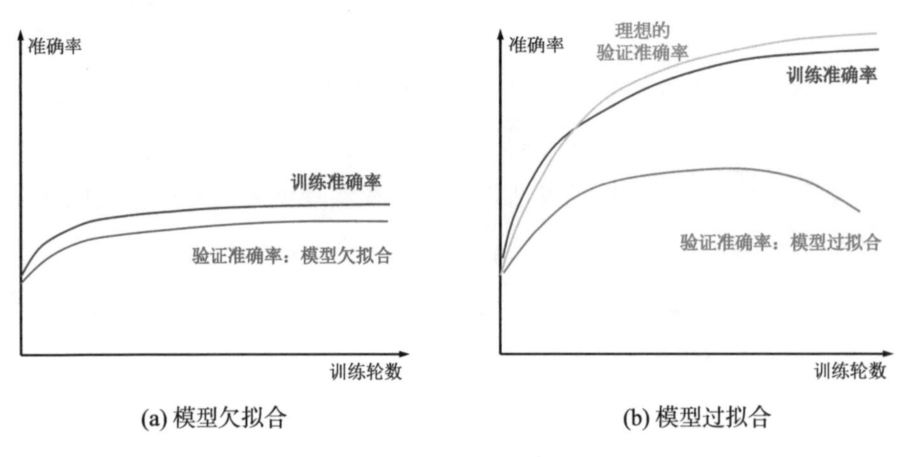

(a) 模型欠拟合　　(b) 模型过拟合

图 10-5　模型欠拟合和过拟合

除了上述几种网络正则化方式外，借助验证集“及时停止”（early stopping，也称为“早停”）网络训练也是一种有效的防止网络过拟合的方法：可取验证集上准确率最高的那一轮训练结果作为最终网络，用于测试集数据的预测。此外，在数据方面“做文章”，比如增加训练数据或尝试更多数据扩充方式（第5章）则是另一种防止过拟合的方式。

10.6 小结

§ 网络正则化是深度网络模型搭建的关键一步，可有效防止网络过拟合，提升其泛化能力。

§ ℓ_2 正则化和 ℓ_1 正则化是卷积网络中较简单常用的正则化方法，一般而言 ℓ_2 正则化效果优于 ℓ_1 正则化；ℓ_1 正则化可求得稀疏解；另外，二者可联合使用，此时被称为“Elastic 网络正则化”。

§ 最大范数约束是通过约束参数范数对网络施加正则化，它的一个非常吸引人的优势在于，由于最大范数约束对参数范数约定了上限，因此即使网络学习率设置得过大也不至于导致“梯度爆炸”。

§ 随机失活是目前针对全连接层操作有效的正则化方式，实际工程实现时多采用“倒置随机失活”方式；在实际应用中，随机失活可与 ℓ_2 等正则化方法配合使用；另外，随机失活已经获得了 2014 年的一项美国专利[①]。

§ 在网络训练时可通过验证集上的学习曲线评估模型训练效果，“及时停止”网络训练也是一种有效的防止网络过拟合的方法。

§ 增加训练数据、使用更多的数据扩充方式也是防止网络过拟合的有效方式；此外也可以在网络分类层加入随机噪声，从而隐式增加对模型的约束，提高模型泛化能力。

[①] https://www.google.com/patents/WO2014105866A1。

11 超参数设定和网络训练

至此，“万事俱备，只欠东风”，前面各章先后介绍了深度卷积网络在实践中各模块、各环节的配置细节和要点。网络各部件选定后即可开始搭建网络模型和进行模型训练了。本章将介绍一些重要的网络设计过程中的超参数设定技巧和训练技巧，如学习率设定、批规范化操作和网络优化策略的选择等。

11.1 网络超参数设定

搭建整个网络架构之前，需首先指定与网络结构相关的各项超参数：输入图像像素、卷积层个数、卷积核相关参数等。

11.1.1 输入数据像素大小

使用卷积神经网络处理图像问题时，对不同输入图像，为得到同规格输出，同时便于 GPU 设备并行，会统一将图像压缩到 2^n 大小。一些经典案例有 CIFAR-10[51] 数据集的 32 × 32 像素、STL 数据集 [9] 的 96 × 96 像素、ImageNet 数据集 [73] 常用的 224 × 224 像素。另外，若不考虑硬件设备限制（通常是 GPU 显存大小），更高分辨率图像作为输入数据（如 448 × 448、672 × 672 等）一般均有助于网络性能的提升，特别是基于注意力模型（attention model）的深度网络提升更为显著。不过，高分辨率图像会增加模型计算消耗而导致网络整体训练时间延长。此外，需指出的是，由于一般卷积神经网络采用全连接层作为最后分类层，若直接改变原始网络模型的输入图像分辨率，会导致原始模型卷积层的最终输出无法输入全连接层的状况，此时需重新改变全连接层输入滤波器的大小或重新指定其他相关参数。

11.1.2 卷积层参数的设定

卷积层的超参数主要包括卷积核大小、卷积操作的步长和卷积核个数。关于卷积核大小，如3.1.1节所述，小卷积核相比大卷积核有两项优势：

1. 增加网络容量和模型复杂度；
2. 减少卷积参数个数。

因此，在实践中推荐使用 3 × 3 及 5 × 5 这样的小卷积核，其对应卷积操作步长建议设为 1。

此外，在卷积操作前还可配合使用填充操作（padding）。该操作有两方面的作用：

1. 可充分利用和处理输入图像（或输入数据）的边缘信息（如图11-1所示）；
2. 配合使用合适的卷积层参数可保持输出与输入同等大小，而避免随着网络深度的增加，输入大小急剧减小。

例如，当卷积核大小为 3×3、步长为 1 时，可在输入数据上、下、左、右各填充 1 单位大小的黑色像素（值为 0，故该方法也被称为 zeros-padding），从而保持输出结果与原输入同等大小，此时 $p = 1$；当卷积核为 5×5、步长为 1 时，可指定 $p = 2$，这样也可保持输出与输入等大。从泛化上来讲，对于卷积核大小为 $f \times f$、步长为 1 的卷积操作，当 $p = (f - 1)/2$ 时，便可维持输出与原输入等大。

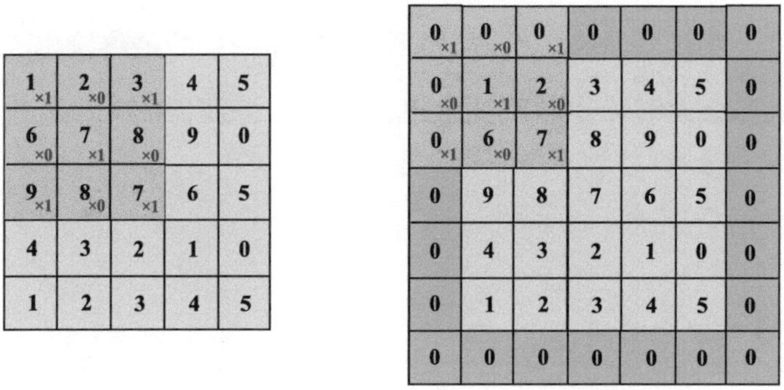

1 ×1	2 ×0	3 ×1	4	5
6 ×0	7 ×1	8 ×0	9	0
9 ×1	8 ×0	7 ×1	6	5
4	3	2	1	0
1	2	3	4	5

(a) 未做填充操作

0 ×1	0 ×0	0 ×1	0	0	0	0
0 ×0	1 ×1	2 ×0	3	4	5	0
0 ×1	6 ×0	7 ×1	8	9	0	0
0	9	8	7	6	5	0
0	4	3	2	1	0	0
0	1	2	3	4	5	0
0	0	0	0	0	0	0

(b) 填充操作后

图 11-1 填充（padding）操作示例。向输入数据四周填充 0 像素（右图中灰色区域）

最后，为了硬件字节级存储管理的方便，卷积核个数通常设置为 2 的次幂，如 64、128、512 和 1024 等。这样的设定有利于硬件计算过程中划分数据矩阵和参数矩阵，尤其在利用显卡计算时。

11.1.3 汇合层参数的设定

同卷积核大小类似，汇合层的核大小一般也设为较小的值，如 2×2、3×3 等。常用的参数设定为，核大小为 2×2，汇合步长为 2。在此设定下，输出结果大小仅为输入数据长宽大小的四分之一，也就是说输入数据中有 75% 的响应值（activation values）被丢弃，这也就起到了“下采样”的作用。为了不丢弃过多输入响应而损失网络性能，汇合操作极少使用超过 3×3 大小的汇合操作。

11.2 训练技巧

11.2.1 训练数据随机打乱

信息论（information theory）中曾提到：“从不相似的事件中学习总是比从相似事件中学习更具信息量（Learning that an unlikely event has occurred is more informative than learning that a likely event has occurred.）。”在训练卷积神经网络时，尽管训练数据固定，但由于采用了随机批处理（mini-batch）的训练机制，因此我们可在对模型的每轮（epoch）训练前将训练数据集随机打乱（shuffle），确保在模型不同轮数相同批次“看到”的数据是不同的。这样的处理不仅会提高模型收敛速率，同时，相比以固定次序训练的模型，此操作会略微提升模型在测试集上的预测结果。

11.2.2 学习率的设定

在模型训练时另一关键设定便是模型学习率（learning rate）的设定。一个理想的学习率会促进模型收敛，而不理想的学习率甚至会直接导致模型的直接目标函数损失值“爆炸”，从而无法完成训练。学习率的设定可遵循下列两项原则：

1. 模型训练开始时的初始学习率不宜过大，以 0.01 和 0.001 为宜；如发现刚开始训练没几个批次（mini-batch）模型目标函数损失值就急剧上升，这便说明模型训练的学习率过大，此时应减小学习率，从头训练。

2. 在模型训练过程中，学习率应随轮数增加而减缓。减缓机制可有不同，一般为如下三种方式：a) 轮数减缓（step decay），如五轮训练后学习率减半，下一个五轮后再次减半；b) 指数减缓（exponential decay），即学习率按训练轮数增长指数插值递减等，在 MATLAB 中，可指定 20 轮训练，每轮学习率为“`lr = logspace(1e-2,1e-5,20)`”；c) 分数减缓（$1/t$ decay）。若原始学习率为 lr_0，学习率按照下式递减：$\mathrm{lr}_t = \mathrm{lr}_0/(1+kt)$，其中 k 为超参数，用来控制学习率减缓幅度，t 为训练轮数（epoch）。

除此之外，寻找理想学习率或诊断模型训练学习率是否合适时，可借助模型训练曲线（learning curve）的帮助。训练深度网络时不妨将每轮训练后模型在目标函数上的损失值保存起来，以图11-2所示形式画出训练曲线。读者可将自己的训练曲线与图中曲线“对号入座”：若模型损失值在模型训练刚开始的几个批次直接“爆炸”（黄色曲线），则学习率过大，此时应大幅减小学习率，从头训练网络；若模型一开始损失值下降明显，但“后劲不足”（绿色曲线），此时应使用较小学习率从头训练，或在后几轮改小学习率仅重新训练后几轮即可；若模型损失值一直下降缓慢（蓝色曲线），此时应稍微加大学习率，然后继续观察训练曲线；直至模型呈现红色曲线所示的理想学习率下的训练曲线为止。此外，在微调（fine tune）卷积神经网络过程中，有时也需要特别关注学习率，具体请参见11.2.5节内容。

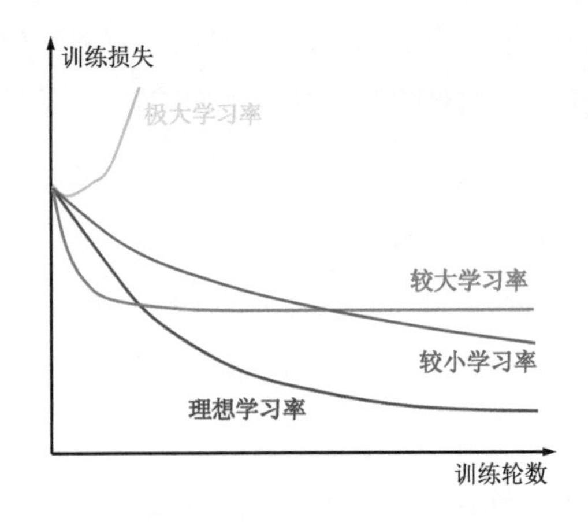

图 11-2　不同学习率下训练损失值（loss）随训练轮数增加呈现的状态

11.2.3 批规范化操作

训练更深层的神经网络一直是深度学习中提高模型性能的重要手段之一。2015 年初，Google 提出了批规范化操作（Batch Normalization，BN）[46]，其不仅加快了模型收敛速度，而且更重要的是在一定程度上缓解了深层网络的一个难题“梯度弥散”，从而使得训练深层网络模型更加容易和稳定。另外，批规范化操作不仅适用于深层网络，对传统的较浅层网络，批规范化操作也能对网络泛化性能起到一定的提升作用。目前批规范化已经成为了几乎所有卷积神经网络的标配。

首先，我们来看一下批规范化操作的流程，见算法2。顾名思义，“批规范化”，即在模型每次进行随机梯度下降训练时，通过 mini-batch 来对相应的网络响应（activation）做规范化操作，使得结果（输出信号各个维度）的均值为 0，方差为 1。

算法 2 批规范化算法 BN

输入： 批处理（mini-batch）输入 $\boldsymbol{x}$：$\mathcal{B} = \{x_{1,\ldots,m}\}$
输出： 规范化后的网络响应 $\{y_i = \text{BN}_{\gamma,\beta}(x_i)\}$
1: $\mu_{\mathcal{B}} \leftarrow \frac{1}{m}\sum_{i=1}^{m} x_i$ // 计算批处理数据均值
2: $\sigma_{\mathcal{B}}^2 \leftarrow \frac{1}{m}\sum_{i=1}^{m}(x_i - \mu_{\mathcal{B}})^2$ // 计算批处理数据方差
3: $\hat{x}_i \leftarrow \frac{x_i - \mu_{\mathcal{B}}}{\sqrt{\sigma_{\mathcal{B}}^2 + \epsilon}}$ // 规范化
4: $y_i \leftarrow \gamma\hat{x}_i + \beta = \text{BN}_{\gamma,\beta}(x_i)$ // 尺度变换和偏移
5: **return** 学习的参数 γ 和 β

BN 操作共分四步。前两步分别计算批处理的数据均值和方差，第三步则根据计算的均值、方差对该批数据做规范化。而最后的“尺度变换和偏移”操作则是为了让因训练所需而“刻意”加入的 BN 能够有可能还原最初的输入（即当 $\gamma = \sqrt{\text{Var}(x_i)} = \sigma_{\mathcal{B}}$ 和 $\beta = E(x_i) = \mu_{\mathcal{B}}$ 时），从而保证整个网络的容量（capacity）[①]。

[①] 有关 capacity 的解释：实际上可以将 BN 看作在原模型上加入的“新操作”，这个新操作很大可能会改变某层原来的输入。当然也可能不改变原始输入，此时便需要 BN 能做到“还原原来输入”。如此一来，既可以改变也可以保持原输入，那么模型的容纳能力（capacity）便提升了。

至于 BN 奏效的原因，需要首先来说说“内部协变量偏移”（internal covariate shift）。读者应该知道在统计机器学习中的一个经典假设是，“源空间（source domain）和目标空间（target domain）的数据分布（distribution）是一致的”。如果不一致，那么就出现了新的机器学习问题，如迁移学习（transfer learning/domain adaptation）等。而协变量偏移（covariate shift）就是分布不一致假设之下的一个分支问题，它是指源空间和目标空间的条件概率是一致的，但是边缘概率不同，即对所有 $x \in \mathcal{X}$，$P_s(Y|X=x) = P_t(Y|X=x)$，但 $P_s(x) \neq P_t(x)$。各位细想便会发现，的确，对于神经网络的各层输出，由于它们经过了层内操作作用，其分布显然与各层对应的输入信号分布不同，而且差异会随着网络深度增大越来越大，不过它们所“指示”的样本标记（label）仍然保持不变，这便符合了协变量偏移的定义。由于是对层间信号的分析，故有“内部”（internal）一称。在实验中，Google 的研究人员发现可通过 BN 来规范化某些层或所有层的输入，从而可以固定每层输入信号的均值与方差。这样一来，即使网络模型较深层的响应或梯度很小，也可通过 BN 的规范化作用将它的尺度变大，以此便可解决深层网络训练很可能带来的“梯度弥散”问题。一个直观的例子是，对一组很小的随机数做 ℓ_2 规范化操作[①]。这组随机数如下：

$$v = [0.0066, 0.0004, 0.0085, 0.0093, 0.0068, 0.0076, 0.0074, 0.0039, 0.0066, 0.0017]^\top$$

在 ℓ_2 规范化后，这组随机数变为：

$$v' = [0.3190, 0.0174, 0.4131, 0.4544, 0.3302, 0.3687, 0.3616, 0.1908, 0.3189, 0.0833]^\top$$

[①] 假设有向量 $\boldsymbol{v}$，则向量的 ℓ_2 规范化操作为：$\boldsymbol{v} \leftarrow \boldsymbol{v}/\|\boldsymbol{v}\|_2$。

显然，经过规范化作用后，原本微小的数值其尺度被“拉大”了，试想如果未做规范化的那组随机数 v 就是反向传播的梯度信息，那么规范化自然可起到缓解“梯度弥散”效应的作用。

关于 BN 的使用位置，在卷积神经网络中 BN 一般应作用在非线性映射函数前。另外，若在神经网络训练时遇到收敛速度较慢或“梯度爆炸”等无法训练的状况也可以尝试用 BN 来解决。同时，在常规情况下同样可加入 BN 来加快模型的训练速度，甚至提高模型精度。在实际应用方面，目前绝大多数开源深度学习工具包（如 Caffe①、Torch②、Theano③和 MatConvNet④等）均已提供了 BN 的具体实现供使用者直接调用。

值得一提的是，BN 的变种也作为一种有效的特征处理手段被应用于人脸识别等任务中，即特征规范化（feature normalization，FN）[32]。FN 作用于网络最后一层的特征表示上（FN 的下一层便是目标函数层），FN 的使用可提高习得特征的分辨能力，适用于类似人脸识别（face recognition）、行人重检测（person re-identification）、车辆重检测（car re-identification）等任务。

11.2.4　网络模型优化算法选择

在基础理论篇我们曾介绍过，深度卷积神经网络通常采用随机梯度下降类型的优化算法进行模型训练和参数求解。相关领域经过近些年的发展，出现了一系列有效的网络训练优化新算法，而且在实际使用中，许多深度学习工具箱（如 Theano 等）均提供了这些优化策略的实现，在工程实践中只需根据自身任务的需求选择合适的优化方法即可。本节以其中几种一阶

① http://caffe.berkeleyvision.org/。

② http://torch.ch/。

③ http://deeplearning.net/software/theano/。

④ http://www.vlfeat.org/matconvnet/。

优化算法为例，通过对比这些优化算法的形式化定义，介绍这些优化算法的区别以及选择建议，至于算法详细繁杂的推导过程，读者若有兴趣可参见原文献。以下的介绍为简单起见，我们假设待学习参数为 ω，学习率（或步长）为 η，一阶梯度值为 g，t 表示第 t 轮训练。

随机梯度下降法

经典的随机梯度下降（Stochastic Gradient Descent，SGD）法是神经网络训练的基本算法，即在每次批处理训练时计算网络误差并进行误差的反向传播，之后根据一阶梯度信息对参数进行更新，更新策略可表示为：

$$\omega_t \leftarrow \omega_{t-1} - \eta \cdot g, \tag{11.1}$$

其中，一阶梯度信息 g 完全依赖于当前批数据在网络目标函数上的误差，故可将学习率 η 理解为当前批的梯度对网络整体参数更新的影响程度。经典的随机梯度下降法是最常见的神经网络优化方法，收敛效果较稳定，不过收敛速度过慢。

基于动量的随机梯度下降法

受启发于物理学领域的研究，基于动量（momentum）的随机梯度下降法用于改善 SGD 更新时可能产生的振荡现象，其通过积累前几轮的“动量”信息辅助参数更新，更新策略可表示为：

$$v_t \leftarrow \mu \cdot v_{t-1} - \eta \cdot g, \tag{11.2}$$

$$\omega_t \leftarrow \omega_{t-1} + v_t, \tag{11.3}$$

其中，μ 为动量因子，控制动量信息对整体梯度更新的影响程度，一般设为 0.9。基于动量的随机梯度下降法除了可以抑制振荡，还可在网络训练中后期网络参数趋于收敛、在局部最小值附近来回震荡时帮助其跳出局部限制，找到更优的网络参数。另外，关于动量因子，除了设定为 0.9 的静态设定方式外，还可将其设置为动态因子。一种常见的动态设定方式是将动量因子初始值设为 0.5，之后随着训练轮数的增长逐渐变为 0.9 或 0.99。

Nesterov 型动量随机梯度下降法

Nesterov 型动量随机梯度下降法是在上述动量梯度下降法更新梯度时加入对当前梯度的校正（式11.4和式11.5）。相比一般动量法，Nesterov 型动量法对于凸函数在收敛性证明上有更强的理论保证，同时在实际使用中，Nesterov 型动量法也有更好的表现。具体为

$$\omega_{\text{ahead}} \leftarrow \omega_{t-1} + \mu \cdot v_{t-1}, \tag{11.4}$$

$$v_t \leftarrow \mu \cdot v_{t-1} - \eta \cdot \nabla_{\omega_{\text{ahead}}}, \tag{11.5}$$

$$\omega_t \leftarrow \omega_{t-1} + v_t, \tag{11.6}$$

其中，$\nabla_{\omega_{\text{ahead}}}$ 表示 ω_{ahead} 的导数信息。

可以发现，无论是经典的随机梯度下降法、基于动量的随机梯度下降法，还是 Nesterov 型的动量随机梯度下降法，这些优化算法都是为了使梯度更新更加灵活，这对于优化神经网络这种拥有非凸且异常复杂函数空间的学习模型尤为重要。不过，这些方法依然有自身的局限。我们都知道稍小的学习率更加适合网络后期的优化，但这些方法的学习率 η 却一直固定不变，并未将学习率的自适应性考虑进去。

Adagrad 法

针对学习率自适应问题，Adagrad 法 [17] 根据训练轮数的不同，对学习率进行了动态调整。即：

$$\eta_t \leftarrow \frac{\eta_{\text{global}}}{\sqrt{\sum_{t'=1}^{t} g_{t'}^2 + \epsilon}} \cdot g_t, \tag{11.7}$$

式中，ϵ 为一个小常数（通常设定为 10^{-6} 数量级）以防止分母为零。在网络训练前期，由于分母中梯度的累加（$\sum_{t'=1}^{t} g_{t'}^2$）较小，这一动态调整可放大原步长 μ_{global}；在网络训练后期分母中梯度累加较大时，式11.7可起到约束原步长的作用。不过，Adagrad 法仍需人为指定一个全局学习率 η_{global}，同时，网络训练到一定轮数后，分母上的梯度累加过大会使得学习率为 0 而导致训练过早结束。

Adadelta 法

Adadelta 法 [93] 是对 Adagrad 法的扩展，其通过引入衰减因子 ρ 消除 Adagrad 法对全局学习率的依赖，具体可表示为：

$$r_t \leftarrow \rho \cdot r_{t-1} + (1-\rho) \cdot g^2, \tag{11.8}$$

$$\eta_t \leftarrow \frac{\sqrt{s_{t-1} + \epsilon}}{\sqrt{r_t + \epsilon}}, \tag{11.9}$$

$$s_t \leftarrow \rho \cdot s_{t-1} + (1-\rho) \cdot (\eta_t \cdot g)^2, \tag{11.10}$$

其中，ρ 为区间 $[0,1]$ 上的实值：较大的 ρ 值会促进网络更新；较小的 ρ 值会抑制更新。两个超参数的推荐设定为：$\rho = 0.95, \epsilon = 10^{-6}$。

RMSProp 法

RMSProp 法 [82] 可被视作 Adadelta 法的一个特例，即依然使用全局学习率替换掉 Adadelta 法中的 s_t：

$$r_t \leftarrow \rho \cdot r_{t-1} + (1-\rho) \cdot g^2, \tag{11.11}$$

$$\eta_t \leftarrow \frac{\eta_{\text{global}}}{\sqrt{r_t + \epsilon}}, \tag{11.12}$$

式中，ρ 的作用与 Adadelta 法中 ρ 的作用相同。不过，RMSProp 法依然依赖全局学习率，这是它的一个缺陷。在实际使用中，关于 RMSProp 法中参数的设定，一组推荐值为：$\eta_{\text{global}} = 1, \rho = 0.9, \epsilon = 10^{-6}$。

Adam 法

Adam 法 [49] 本质上是带有动量项的 RMSprop 法，它利用梯度的一阶矩估计和二阶矩估计动态调整每个参数的学习率。Adam 法的优点主要在于，经过偏置校正后，每一次迭代学习率都有一个确定范围，这样可以使得参数更新比较平稳。

$$m_t \leftarrow \beta_1 \cdot m_{t-1} + (1-\beta_1) \cdot g_t, \tag{11.13}$$

$$v_t \leftarrow \beta_2 \cdot v_{t-1} + (1-\beta_2) \cdot g_t^2, \tag{11.14}$$

$$\hat{m}_t \leftarrow \frac{m_t}{1-\beta_1^t}, \tag{11.15}$$

$$\hat{v}_t \leftarrow \frac{v_t}{1-\beta_2^t}, \tag{11.16}$$

$$\omega_t \leftarrow \omega_{t-1} - \eta \cdot \frac{\hat{m}_t}{\sqrt{\hat{v}_t + \epsilon}}, \tag{11.17}$$

可以看出，使用 Adam 法仍然需指定基本学习率 η。对于其中的超参数设定可遵循：$\beta_1 = 0.9, \beta_2 = 0.999, \epsilon = 10^{-8}, \eta = 0.001$。

11.2.5 微调神经网络

本书在前面章节介绍参数初始化时曾提到，除了从头训练自己的网络外，一种更有效的方式是微调已预训练好的网络模型。简单来说微调预训练模型，就是用目标任务数据在原先预训练模型上继续进行训练过程。在这一过程中需注意以下细节：

1. 由于网络已在原始数据上收敛，因此应设置较小的学习率在目标数据上微调，如 10^{-4} 数量级或以下。

2. 在3.1.3节曾提到，卷积神经网络浅层拥有更泛化的特征（如边缘、纹理等），深层特征则更抽象，对应高层语义。因此，在新数据上微调时泛化特征更新的可能性或程度较小，高层语义特征更新的可能性或程度较大，故可根据层深对不同层设置不同学习率：网络深层的学习率可稍大于浅层学习率。

3. 根据目标任务数据与原始数据相似程度[①]采用不同微调策略。当目标数据较少且目标数据与原始数据非常相似时，可仅微调网络靠近目标函数的后几层；当目标数据充足且相似时，可微调更多网络层，也可全部微调；当目标数据充足但与原始数据差异较大时，须多调节一些网络层，直至微调全部；当目标数据极少，同时还与原始数据有较大差异时，这种情形比较麻烦，微调成功与否要具体问题具体对待，不过仍可尝试首先微调网络后几层，之后再微调整个网络模型。

4. 此外，针对第三点中提到的“目标数据极少，同时还与原始数据有较大差异”的情况，目前一种有效的方式是借助部分原始数据与目

[①] 两数据集间的相似程度极难定量评价，可根据任务目标（如该任务是一般物体分类、人脸识别还是细粒度级别物体分类等）、图像内容（如以物体为中心还是以场景为中心）等因素定性衡量。

标数据协同训练。Ge 和 Yu[22] 提出，因预训练模型的浅层网络特征更具泛化性，故可在浅层特征空间（shallow feature space）选择目标数据的近邻（nearest neighbor）作为原始数据子集。之后，将微调改造为多目标学习任务（multi-task learning）：一者使目标任务基于原始数据子集；二者使目标任务基于全部目标数据。整体微调框架如图11-3所示。实验证实，这样的微调策略可大幅改善“目标数据极少，同时还与原始数据有较大差异”情况下的模型微调结果（有时可获得约 2~10 个百分点的提升）。

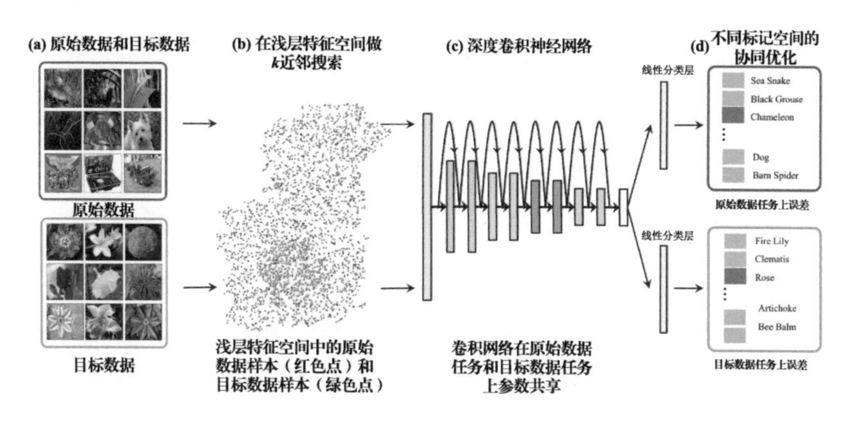

图 11-3 Ge 和 Yu[22] 针对预训练网络模型微调的“多目标学习框架”示意图

11.3 小结

§ 本章介绍了在进行深度卷积神经网络训练过程中需注意的细节设置，如网络输入像素大小、网络层的超参数、学习率设置、不同的网络参数优化算法选择及如何有效微调预训练模型等。

§ 关于图像样本输入大小的设置，为方便 GPU 设备的并行计算，图像输入像素一般设置为 2 的次幂。

§ 卷积层和汇合层核大小最宜使用 3×3 或 5×5 等，同时可配合使用合适像素大小的填充操作。

§ 关于学习率的设定，建议在模型训练开始时设置 0.01 或 0.001 数量级的学习率，并随网络训练轮数增加逐渐减缓学习率。另外可通过观察模型训练曲线判断学习率是否合适以及如何调整模型学习率。

§ 批规范化操作可在一定程度上缓解深层网络训练时的“梯度弥散”效应，一般将批规范化操作设置于网络的非线性映射函数之前，批规范化操作可有效提高模型收敛率。

§ 关于模型参数的优化算法选择。随机梯度下降法是目前使用最多的网络训练方法，通常训练时间较长，但在理想的网络参数初始化和学习率设置方案下，随机梯度下降法得到的网络更稳定，结果更可靠。若希望网络更快收敛且需要训练较复杂结构的网络时，推荐使用 Adagrad、Adadelta、RMSProp 和 Adam 等优化算法。一般来讲，Adagrad、Adadelta、RMSprop 和 Adam 是性能相近的算法，在相同问题上的表现并无较大差异。类似地，经典随机梯度下降法、动量随机梯度下降法和 Nesterov 型动量随机梯度下降法也是性能相近的算法。上述优化算法均为一阶梯度方法，事实上，基于牛顿法的二阶优化方法也是存在的（如 limited-memory BFGS 法 [14, 76]）。但是直接将二阶方法应用于深度卷积网络优化目前来看并不现实，因为此类方法需在整体（海量）训练集上计算海森矩阵①，这会带来巨大的计算代价。因此，目前对于深度网络模型的实际应用，训练网络的优化算法仍以上述一阶梯度算法为主。基于批处理的二阶网络训练方法则是当下学术界在深度学习领域的研究热点之一。

§ 微调预训练模型时，需注意学习率调整和原始数据与目标数据的关系。另外，还可使用“多目标学习框架”对预训练模型进行微调。

---

① 海森矩阵（Hessian matrix 或 Hessian）指由一个多变量实值函数的二阶偏导数组成的方块矩阵。

12 不平衡样本的处理

在机器学习的经典假设中，往往假定训练样本的各类别是同等数量，即各类样本数目是均衡（平衡）的，但我们在真实场景中遇到的实际任务却时常不符合这一假设。一般来说，不平衡（imbalance）的训练样本会导致训练模型侧重样本数目较多的类别，而“轻视”样本数目较少的类别，这样模型在测试数据上的泛化能力就会受到影响。一个极端的例子是对于某二分类问题，训练集中有 99 个正例样本，而负例只有 1 个。在不考虑样本不平衡的很多情况下，学习算法会使分类器“放弃”负例预测，因为把所有样本都分为“正”便可获得高达 99% 的训练分类准确率。但是试想，若测试集有 99 个负例仅 1 个正例，这样该分类器仅仅只有 1% 的测试正确率，完全丧失了测试集上的预测能力。其实，除了常见的分类、回归任务，类似图像语义分割（semantic segmentation）[60]、深度估计（depth estimation）[57]等像素级别任务中也不乏样本不平衡的现象，如图12-1所示。为了进一步提升模型泛化能力，解决在网络训练时经常遇到的不平衡样本处理问题，本章将从“数据层面”和“算法层面”两个方面介绍不平衡样本问题的处理 方法。

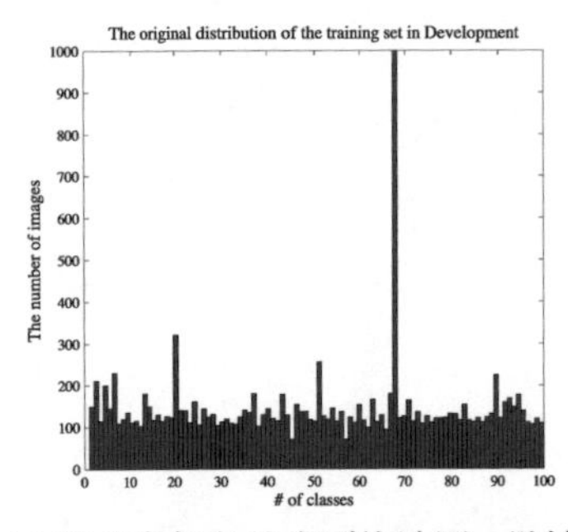

(a) 某分类任务的类别统计图。纵轴为各类图像数，横轴为不同类别

(b) 图像语义分割示例。可明显看出不同类（语义）像素数有巨大差异

(c) 图像深度估计。不同类别（深度）像素数亦存在巨大差异

图 12-1　不平衡样本问题举例

12.1　数据层面处理方法

数据层面处理方法多借助数据采样法（sampling）使整体训练集样本趋于平衡，即各类样本数基本一致。

12.1.1　数据重采样

简单的数据重采样包括上采样（over-sampling 或 up-sampling）和下采样（under-sampling 或 down-sampling）。对于样本较少的类别，可使用上采样，即复制该类图像直至与样本最多类别的样本数一致。当然也可以用数据扩充方式替代简单的复制操作。而对于样本较多的类别，可采用下采样。需指出的是，对深度学习而言，下采样并不是直接随机丢弃一部分图像，因为那样做会降低训练数据多样性进而影响模型泛化能力。正确的下采样方式为，在批处理训练时对每批随机抽取的图像严格控制其样本较多类别的图像数量。以二分类为例，在原数据分布情况下每次批处理训练正负样本平均数量比例为 5 : 1，如仅使用下采样，可在每批随机挑选训练样本时每 5 个正例只取 1 个作为该批训练集的正例，负例选取仍按照原来准则，这样可使得每批选取的数据中正负比例均等。此外，还需指出的是，仅使用数据上采样有可能会引起模型过拟合问题，更保险且有效的数据重采样是将上采样和下采样结合使用。

12.1.2 类别平衡采样

另一类数据重采样策略则直接着眼于类别，即类别平衡采样。该策略是把样本按类别分组，由每个类别生成一个样本列表。在训练过程中先随机选择 1 个或几个类别，然后从各个类别所对应的样本列表中随机选择样本，这样可以保证每个类别参与训练的机会比较均衡。

不过上述方法对于样本类别任务较多需事先定义与类别数等量的列表的情形，如对于海量类别任务像 ImageNet 数据集等，此举将极其烦琐。在类别平衡采样的基础上，国内海康威视研究院 Shicai Yang 等在 ILSVRC 场景分类任务中提出了“类别重组”（label shuffling）[91] 的平衡方法，值得一提的是，他们还获得了 2016 年 ILSVRC 场景分类（scene classification）任务的冠军。

类别重组法 [91] 只需要原始图像列表即可完成同样的均匀采样任务。如图12-2所示，其方法步骤如下：首先按照类别顺序对原始样本进行排序，之后计算每个类别的样本数目，并记录样本最多的那个类别的样本数量。之后，根据这个最多样本数对每类样本产生一个随机排列列表，然后用此列表中的随机数对各自类别的样本数求余，得到对应的索引值。接着，根据索引从该类的图像中提取图像，生成该类的图像随机列表。之后，把所有类别的随机列表连在一起再随机打乱次序，即可得到最终图像列表。可以发现，最终列表中每类样本数目均等。根据此列表训练模型，在训练时若列表被遍历完毕，则从头再做一遍上述操作即可进行第二轮训练，如此重复下去……类别重组法的优点在于，只需原始图像列表，且所有操作均在内存中在线完成，易于实现。细心的读者或许能发现，类别重组法与上节提到的数据上采样有异曲同工之意。

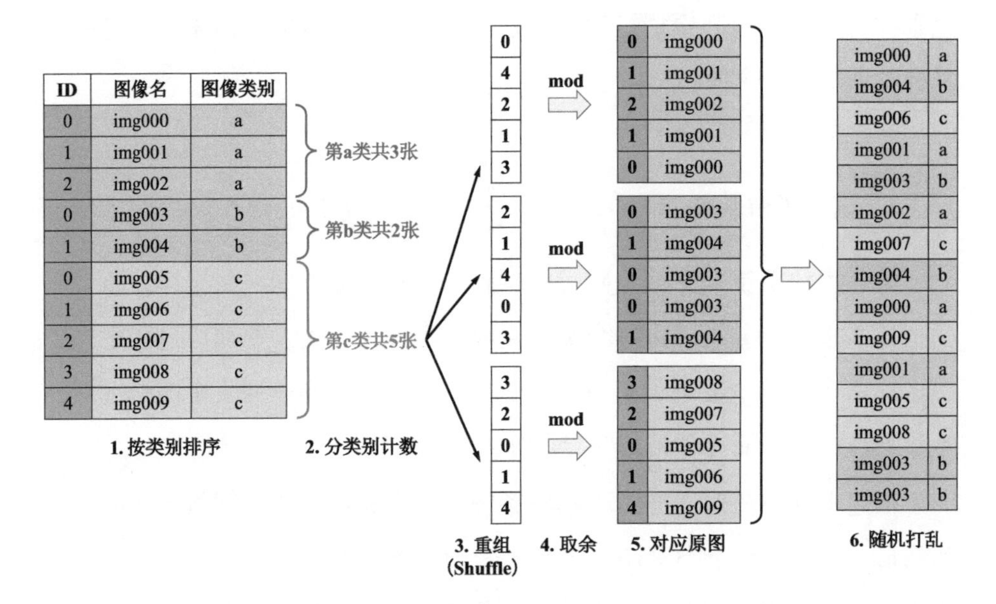

图 12-2　类别重组法 [91] 处理不平衡样本

12.2　算法层面处理方法

对于不平衡样本导致样本数目较少的类别“欠学习”这一现象，一个很自然的解决办法是增加小样本错分的“惩罚代价”并将此“惩罚代价”直接体现在目标函数中，这便是“代价敏感”方法[①]。这样通过优化目标函数就

[①] 可将原始目标函数看作对不同类别样本错分权重均等的情形。在使用代价敏感法后，如错分则施加对应权重的惩罚，这样，相比样本较多类别，小样本类别其错分代价往往更高。

可以调整模型在小样本上的“注意力”。算法层面处理不平衡样本问题的方法也多从代价敏感（cost-sensitive）角度出发。

12.2.1 代价敏感方法

代价敏感方法可概括为两种：一是基于代价敏感矩阵的方法；二是基于代价敏感向量的方法。

基于代价敏感矩阵的代价敏感

以分类问题为例，假设某训练集共 N 个样本，形如 $\{\boldsymbol{x}_n, y_n\}_{n=1}^{N}$，其中样本标记 y 隶属于 K 类。基于代价敏感矩阵方法是利用 $K \times K$ 的矩阵 $\boldsymbol{C}$ 对不同样本类别施加错分惩罚（亦可称为权重）：

$$\boldsymbol{C} = \begin{bmatrix} C(1,1) & C(1,2) & \dots & C(1,K) \\ C(2,1) & C(2,2) & \dots & C(2,K) \\ \vdots & \vdots & \ddots & \vdots \\ C(K,1) & C(K,2) & \dots & C(K,K) \end{bmatrix}, \tag{12.1}$$

其中，$C(y_i, y_j) \in [0, \infty)$ 表示类别 y_i 错分为类别 y_j 的“惩罚”或“代价”，其取值不小于 0；且 $C(y_i, y_i) = 0$。施加代价后的训练目标变为：训练得到某分类器 g，使得期望代价之和 $\sum_n C(y_n, g(\boldsymbol{x}_n))$ 最小。可以发现，式12.1中的代价敏感矩阵反映的是类别级别的错分惩罚。

基于代价敏感向量的代价敏感

另一种代价敏感的反映方式则针对样本级别：对某样本 $(\boldsymbol{x}_n, y_n)$，有对应的一个 K 维代价敏感向量 $\boldsymbol{c}_n \in [0, \infty)^K$，其中 $\boldsymbol{c}_n$ 的第 k 维表示该样本被错分为第 k 类的惩罚，自然其第 y_n 维应为 0。基于代价敏感向量的方法在模型训练阶段，是将样本级别的代价敏感向量与样本以 $(\boldsymbol{x}_n, y_n, \boldsymbol{c}_n)$ 三元组形式一同作为输入数据送入学习算法。细心的读者不难发现，代价敏感矩阵法实际上是代价敏感向量法的一种特殊形式，即对于某类的所有样本其错分惩罚向量为同一向量。

12.2.2 代价敏感法中权重的指定方式

通过以上描述可发现，代价敏感方法处理不平衡样本问题的前提是需事先指定代价敏感矩阵或向量，其中关键是错分惩罚或错分权重的设定。在实际使用中可根据样本比例、分类结果的混淆矩阵等信息指定代价敏感矩阵或向量中错分权重的具体取值。

按照样本比例指定

在此以代价敏感矩阵为例说明如何按照样本比例信息指定矩阵取值。假设训练样本标记共计 3 类：a 类、b 类和 c 类，它们的样本数目比例为 $3:2:1$。则根据12.2.1节的描述，代价敏感矩阵可指定为：

$$\boldsymbol{C}=\begin{bmatrix} 0 & \frac{2}{3} & \frac{1}{3} \\ \frac{3}{2} & 0 & \frac{1}{2} \\ 3 & 2 & 0 \end{bmatrix}. \tag{12.2}$$

具体来讲，当 a 类样本被错分为 b 类（c 类）时，由于其样本数最多，所以对应惩罚权重可设为稍小值，即 b 类（c 类）样本数与 a 类样本数的比值 $\frac{2}{3}$（$\frac{1}{3}$）；当 b 类样本被错分为 a 类（c 类）时，对应惩罚权重同样为 a 类（c 类）样本数与 b 类样本数的比值 $\frac{3}{2}$（$\frac{1}{2}$）；当样本数最少的 c 类样本被错分为 a 类（b 类）时，对应惩罚权重应加大，为 3（2），以增加小样本错分代价从而体现小样本数据的重要程度。当然，也可在以上矩阵基础上对矩阵元素都乘以类别数的最小公倍数 6，确保有效惩罚权重为正整数，即：

$$C = \begin{bmatrix} 0 & 4 & 2 \\ 9 & 0 & 3 \\ 18 & 12 & 0 \end{bmatrix}. \tag{12.3}$$

根据混淆矩阵指定

混淆矩阵（confusion matrix）是人工智能中的一种算法分析工具，用来度量模型或学习算法在监督学习中预测能力的优劣。在机器学习领域，混淆矩阵通常也被称作“列联表”或“误差矩阵”。混淆矩阵的每一列代表一个类的实例预测，而每一行表示其真实类别，仍以 a、b、c 三类分类为例，有如下混淆矩阵：

		预测结果		
		类别 a	类别 b	类别 c
真实标记	类别 a	4	1	3
	类别 b	2	3	4
	类别 c	3	2	21

矩阵对角线为正确分类样本数，各类分别为 4、3 和 21。矩阵其他位置为错分样本数，如 a 类错分为 b 类的样本数为 1，错分为 c 类的样本数为 3；b 类错分为 a 类的样本有 2 个，错分为 c 类的样本有 4 个；c 类错分为 a 类的样本有 3 个，错分为 b 类的样本有 2 个。虽说各类错分的样本数的绝对数值接近（均错分了 3 个左右的样本），但相对而言，样本数较少的 a 和 b 类分别有 50% 和 66.67% 的样本被错分，比例相当高。而对于样本数较多的 c 类，其错分概率就相对较低（约 19%）。对于该情况，利用代价敏感法处理时，可根据各类错分样本数设置代价敏感矩阵的取值。一种方式可直接以错分样本数为矩阵取值：

$$
\boldsymbol{C} = \begin{bmatrix} 0 & 1 & 3 \\ 2 & 0 & 4 \\ 3 & 2 & 0 \end{bmatrix}. \tag{12.4}
$$

不过，更优方案还需考虑各类的错分比例，并以此比例调整各类错分权重。对 a 类而言，a 类错分比例为 50%，占所有错分比例 136%（50%+67%+19%）的 36.76%；同理，b 类占 49.26%，c 类最少，占 13.97%。以此为权重乘以原代价矩阵可得新的代价矩阵（已取整）：

$$
\boldsymbol{C} = \begin{bmatrix} 0 & 36 & 110 \\ 99 & 0 & 197 \\ 42 & 28 & 0 \end{bmatrix}. \tag{12.5}
$$

12.3 小结

§ 在许多真实应用问题中都会遇到样本不平衡问题，且样本不平衡对深度网络模型的预测性能有较大影响，因此在实践中需考虑样本不平衡因素并给出解决方案。

§ 在数据层面多采用数据重采样法处理样本不平衡问题，这种方法操作简单，不过该类方法会改变数据原始分布，有可能因此产生过拟合等问题。

§ 在算法层面多采用代价敏感法处理样本不平衡问题，通过指定代价敏感矩阵或代价敏感向量的错分权重，可缓解样本不平衡带来的影响。

13 模型集成方法

集成学习（ensemble learning）是机器学习中的一类学习算法，指训练多个学习器并将它们组合起来使用的方法。这类算法通常在实践中能取得比单个学习器更好的预测结果，颇有“众人拾柴火焰高”之意。特别是历届国际重量级学术竞赛，如 ImageNet[①]、KDD Cup[②]以及许多 Kaggle 竞赛的冠军做法，或简单或复杂但最后一步必然是集成学习。尽管深度网络模型已经拥有强大的预测能力，但集成学习方法的使用仍然能起到“锦上添花”的作用。因此有必要了解并掌握一些深度模型方面的集成方法。一般来讲，深度模型的集成多从“数据层面”和“模型层面”两方面着手。

13.1 数据层面的集成方法

13.1.1 测试阶段数据扩充

本书在第5章“数据扩充”中曾提到了训练阶段的若干数据扩充策略，实际上，这些扩充策略在模型测试阶段同样适用，诸如图像多尺度（multi-

---

① http://www.image-net.org/。

② http://www.kdd.org/kdd-cup。

scale）、随机抠取（random crop）等。以随机抠取为例，对某张测试图像可得到 n 张随机抠取图像，测试阶段只需用训练好的深度网络模型对 n 张图像分别做预测，之后将预测的各类置信度平均作为该测试图像最终预测结果即可。

13.1.2 “简易集成”法

“简易集成”法（easy ensemble）[59] 是 Liu 等人提出的针对不平衡样本问题的一种集成学习解决方案。具体来说，“简易集成”法对于样本较多的类别采取降采样（undersampling），每次采样数依照样本数目最少的类别而定，这样可使每类取到的样本数保持均等。采样结束后，针对每次采样得到的子数据集训练模型，如此采样、训练反复进行多次。最后对测试数据的预测则从对训练得到的若干个模型的结果取平均或投票获得（有关“多模型集成方法”内容请参见13.2.2节）。总结来说，“简易集成”法在模型集成的同时，还能缓解数据不平衡带来的问题，可谓一举两得。

13.2 模型层面的集成方法

13.2.1 单模型集成

多层特征融合

多层特征融合（multi-layer ensemble）是针对单模型的一种模型层面集成方法。由于深度卷积神经网络特征具有层次性的特点（参见3.1.3节内容），不同层特征富含的语义信息可以相互补充，在图像语义分割 [31]、细粒度图像检索 [84]、基于视频的表象性格分析 [97] 等任务中常见到多层特征融合策略的使用。一般地，在进行多层特征融合操作时可直接将不同层网络特征级联（concatenate）。而对于特征融合应选取哪些网络层，一个实践经验是，最好使用靠近目标函数的几层卷积特征，因为愈深层特征包含的高层语义性愈强，分辨能力也愈强；相反，网络较浅层的特征较普适，用于特征融合很可能起不到作用，有时甚至会起到相反作用。

网络“快照”集成法

我们知道，深度神经网络模型复杂的解空间中存在非常多的局部最优解，但经典批处理随机梯度下降法（mini-batch SGD）只能让网络模型收敛到其中一个局部最优解。网络“快照”集成法（snapshot ensemble）[43] 便利用了网络解空间中的这些局部最优解来对单个网络做模型集成。通过循环调整网络学习率（cyclic learning rate schedule）可使网络依次收敛到不同的局部最优解处，如图13-1左图所示。

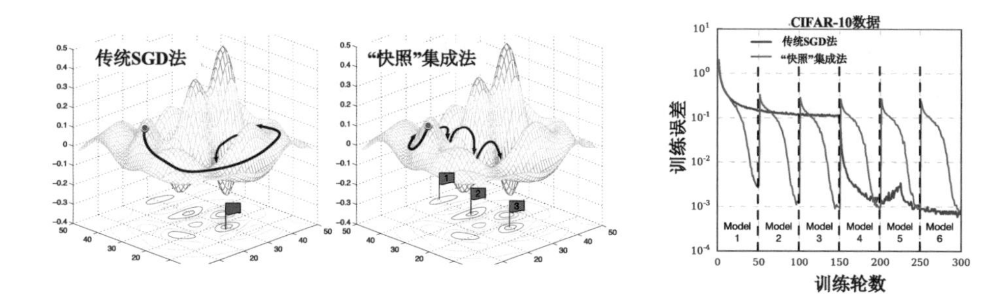

图 13-1 网络“快照”集成法 [43]。左图为“传统 SGD 法”和“‘快照’集成法”的收敛情况示意图；右图为两方法在 CIFAR-10 数据集上的收敛曲线对比（红色曲线为“‘快速’集成法”，蓝色曲线对应“传统 SGD 法”）

具体而言，是将网络学习率 η 设置为随模型迭代轮数 t（iteration，即一次批处理随机梯度下降称为一个迭代轮数）改变的函数，即：

$$\eta(t) = \frac{\eta_0}{2}\left(\cos\left(\frac{\pi \bmod (t-1, \lceil T/M \rceil)}{\lceil T/M \rceil}\right) + 1\right), \tag{13.1}$$

其中，η_0 为初始学习率，一般设为 0.1 或 0.2。t 为模型迭代轮数（即 mini-batch 批处理训练次数）。T 为模型总的批处理训练次数。M 为学习率“循环退火”（cyclic annealing）[①]次数，其对应了模型将收敛到的局部最优解个数。式13.1利用余弦函数 $\cos(\cdot)$ 的循环性来循环更新网络学习率，将学习率从 0.1 随 t 的增长逐渐减缓到 0，之后将学习率重新放大从而跳出该局部最优解，自此开始下一循环的训练，此循环结束后可收敛到新的局部最优解处，如此循环往复……直到 M 个循环结束。因式13.1中利用余弦函数循环更新网络参数，所以这一过程被称为“循环余弦退火”过程（cyclic cosine annealing）[61]。

当经过“循环余弦退火”对学习率调整后，每个循环结束可使模型收敛到一个不同的局部最优解，若将收敛到不同局部最优解的模型保存便可得到 M 个处于不同收敛状态的模型，如图13-1右图中红色曲线所示。对于每个循环结束后保存的模型，我们称之为模型“快照”（snapshot）。测试阶段在做模型集成时，由于深度网络模型在初始训练阶段未必拥有较优性能，因此一般挑选最后 m 个模型“快照”用于集成。关于对这些模型“快照”的集成策略可采用本章后面提到的“直接平均法”。

13.2.2 多模型集成

上一节我们介绍了基于单个网络如何进行模型集成，本节向大家介绍如何产生多个不同网络训练结果和一些多模型的集成方法。

① 退火（annealing），原本是冶金学或材料工程中的一个专有名词，是一种改变材料微结构进而改变如硬度和强度等机械性质的热处理方法。退火是将金属加温到某个高于再结晶温度的某一温度并维持此温度一段时间，再将其缓慢冷却的过程。在此用“退火”形容网络模型学习率从初始学习率逐渐减缓直到 0 的过程。

多模型生成策略

- **同一模型不同初始化**。我们知道，由于神经网络训练机制基于随机梯度下降法，故不同的网络模型参数初始化会导致不同的网络训练结果。在实际使用中，特别是针对小样本（limited examples）学习的场景，首先对同一模型进行不同初始化，之后将得到的网络模型进行结果集成会大幅缓解随机性，提升最终任务的预测结果。
- **同一模型不同训练轮数**。若网络超参数设置得当，则深度模型随着网络训练的进行会逐步趋于收敛，但不同训练轮数的结果仍有不同，无法确定到底哪一轮训练得到的模型最适用于测试数据。针对上述问题，一种简单的解决方式是将最后几轮训练模型结果做集成，这样一方面可降低随机误差，另一方面也避免了训练轮数过多带来的过拟合风险。这样的操作被称为“轮数集成”（epoch fusion 或 epoch ensemble）。具体使用实例可参考 ECCV 2016 举办的“基于视频的表象性格分析”竞赛冠军做法 [97]。
- **不同目标函数**。目标函数（或称损失函数）是整个网络训练的“指挥棒”，选择不同的目标函数势必使网络学到不同的特征表示。以分类任务为例，可将“交叉熵损失函数”、“合页损失函数”、“大间隔交叉熵损失函数”和“中心损失函数”作为目标函数分别训练模型。在预测阶段，既可以直接对不同模型预测结果做“置信度级别”（score level）的平均或投票，也可以做“特征级别”（feature level）的模型集成：将不同网络得到的深度特征抽出后级联作为最终特征，之后离线训练浅层分类器（如支持向量机）完成预测任务。
- **不同网络结构**。也是一种有效的产生不同网络模型结果的方式。操作时可在如 VGG 网络、深度残差网络等不同网络架构的网络上训练模型，最后对从不同架构网络得到的结果做集成。

多模型集成方法

使用上一节提到的多模型生成策略或网络“快照”集成法均可得到若干网络训练结果，除特征级别直接级联训练离线浅层学习器外，还可以在网络预测结果级别对得到的若干网络结果做集成。下面介绍四种最常用的多模型集成方法。假设共有 N 个模型待集成，对某测试样本 $\boldsymbol{x}$，其预测结果为 N 个 C 维向量（C 为数据的标记空间大小）：$\boldsymbol{s}_1, \boldsymbol{s}_2, \ldots, \boldsymbol{s}_N$。

- **直接平均法**（simple averaging）是最简单有效的多模型集成方法，通过直接将不同模型产生的类别置信度进行平均得到最后预测结果：

$$\text{Final score} = \frac{\sum_{i=1}^{N} \boldsymbol{s}_i}{N}. \tag{13.2}$$

- **加权平均法**（weighted averaging）是在直接平均法基础上加入权重来调节不同模型输出的重要程度：

$$\text{Final score} = \frac{\sum_{i=1}^{N} \omega_i \boldsymbol{s}_i}{N}, \tag{13.3}$$

其中，ω_i 对应第 i 个模型的权重，且须满足：

$$\omega_i \geqslant 0 \text{ 且 } \sum_{i=1}^{N} \omega_i = 1. \tag{13.4}$$

在实际使用时，关于权重 ω_i 的取值可根据不同模型在验证集上各自单独的准确率而定，高准确率的模型权重较高，低准确率模型可设置稍小权重。

- **投票法**（voting）中最常用的是多数表决法（majority voting），表决前需先将各自模型返回的预测置信度 $\boldsymbol{s}_i$ 转化为预测类别，即最高置信度对应的类别标记 $c_i \in \{1, 2, \ldots, C\}$ 作为该模型的预测结果。在多数表决法中，在得到样本 $\boldsymbol{x}$ 的最终预测时，若某预测类别获得一半以上模型投票，则该样本预测结果为该类别；若对于该样本无任何类别获得一半以上投票，则拒绝做出预测（称为“rejection option”）。

投票法中另一种常用方法是相对多数表决法（plurality voting），与多数表决法会输出“拒绝预测”不同的是，相对多数表决法一定会返回某个类别作为预测结果，因为相对多数表决是选取投票数最高的类别作为最后预测结果。

- **堆叠法**（stacking）又称“二次集成法”，是一种高阶的集成学习算法。在刚才的例子中，样本 $\boldsymbol{x}$ 作为学习算法或网络模型的输入，$\boldsymbol{s}_i$ 作为第 i 个模型的类别置信度输出，整个学习过程可记作一阶学习过程（first-level learning）。堆叠法则是以一阶学习过程的输出作为输入开展二阶学习过程（second-level learning），有时也称作“元学习”（meta learning）。拿刚才的例子来说，对于样本 $\boldsymbol{x}$，堆叠法的输入是 N 个模型的预测置信度 $[\boldsymbol{s}_1\boldsymbol{s}_2\ldots\boldsymbol{s}_N]$，这些置信度可以级联作为新的特征表示。之后基于这样的“特征表示”训练学习器将其映射到样本原本的标记空间。注意，此时的学习器可为任何学习算法习得的模型，如支持向量机（support vector machine）、随机森林（random forest），当然也可以是神经网络模型。不过在此需要指出的是，堆叠法有较大的过拟合风险。

13.3 小结

§ 深度网络的模型集成往往是提升网络最终预测能力的一剂“强心针”，本章从“数据层面”和“模型层面”两个方面介绍了一些深度网络模型集成的方法。

§ 数据层面常用的方法是数据扩充和“简易集成”法，均操作简单但效果显著。

§ 模型层面的模型集成方法可分为“单模型集成”和“多模型集成”。基于单一模型的集成方法可借助单个模型的多层特征的融合和网络“快照”法进行。关于多模型集成，可通过不同参数初始化、不同训练轮数和不同目标函数的设定产生多个网络模型的训练结果。最后使用平均法、投票法和堆叠法进行结果集成。

§ 需要指出的是，第10章提到的随机失活（dropout）实际上也是一种隐式的模型集成方法。有关随机失活的具体内容请参考10.4节。

§ 更多关于集成学习的理论和算法请参考南京大学周志华的著作“*Ensemble Methods: Foundations and Algorithms*”[①][99]。

[①] 该书中文版即将由电子工业出版社出版发行。

14

深度学习开源工具简介

自 2006 年 Hinton 和 Salakhutdinov 在 *Science* 上发表的深度学习论文 [38] 点燃了最近一次神经网络复兴的“星星之火”之后，接着，2012 年 Alex-Net 在 ImageNet 上的夺冠又迅速促成了深度学习在人工智能领域的“燎原之势”。当下深度学习算法可谓主宰了计算机视觉、自然语言学习等众多人工智能应用领域。与此同时，与学术研究一起快速发展、并驾齐驱的还有层出不穷的诸多深度学习开源开发框架。本章将向读者介绍和对比 9 个目前使用较多的深度学习开源框架，供大家根据自身情况“择优纳之”。

14.1 常用框架对比

表14-1 从“开发语言”、“支持平台”、“支持接口”、是否支持“自动求导”、是否提供“预训练模型”、是否支持“单机多卡并行”运算等 10 个方面，对包含 Caffe、MatConvNet、TensorFlow、Theano 和 Torch 在内的 9 个目前最常用的深度学习开源框架进行了对比。

表 14-1　不同深度学习开发框架对比

开发框架	开发者	开发语言	支持平台	支持接口	自动求导	预训练模型	CNN开发	RNN[1]开发	单机多卡并行
Caffe	BVLC	C++	Linux、Mac OS X、Windows	Python、MATLAB	不支持	提供[2]	支持	支持	支持
Deeplearning4j	Skymind engineering team	Java	Linux、Mac OS X、Windows、Android	Java、Scala、Clojure、Python	支持	提供[3]	支持	支持	支持
Keras	François Chollet	Python	Linux、Mac OS X、Windows	Python	支持	提供[4]	支持	支持	不支持[5]
MXNet	Distributed (Deep) Machine Learning Community	C++	Linux、Mac OS X、Windows、AWS、Android、iOS、JavaScript	C++、Python、Julia、MATLAB、JavaScript、Go、R、Scala、Perl	不支持	提供[6]	支持	支持	支持
MatConvNet	Oxford University	MATLAB、C++	Linux、Mac OS X、Windows	MATLAB	不支持	提供[7]	支持	不支持	支持
TensorFlow	Google Brain	C++、Python	Linux、Mac OS X、Windows	Python、C/C++、Java、Go	支持	提供[8]	支持	支持	支持
Theano	Université de Montréal	Python	Cross-platform	Python	支持	不提供	支持	支持	不支持
Torch	Ronan Collobert, Koray Kavukcuoglu, Clément Farabet	C、Lua	Linux、Mac OS X、Windows、Android、iOS	Lua、LuaJIT、C、utility library for C++/OpenCL	不支持	提供[9]	支持	支持	支持
PyTorch	Facebook	Python	Linux、Mac OS X	Python	支持	提供[10]	支持	支持	支持

[1] 递归神经网络（RNN）是两种人工神经网络的总称。一种是时间递归神经网络（recurrent neural network），另一种是结构递归神经网络（recursive neural network）。时间递归神经网络的神经元间连接构成有向图，而结构递归神经网络利用相似的神经网络结构递归构造更为复杂的深度网络。RNN 一般指代时间递归神经网络。

[2] https://github.com/BVLC/caffe/wiki/Model-Zoo

[3] https://deeplearning4j.org/model-zoo

[4] https://keras.io/applications/

[5] Theano 作为后端时不支持单机多卡；TensorFlow 作为后端时可支持。

[6] https://github.com/dmlc/mxnet-model-gallery

[7] http://www.vlfeat.org/matconvnet/pretrained/

[8] https://github.com/tensorflow/models/tree/master/slim#Pretrained

[9] https://github.com/torch/torch7/wiki/ModelZoo

[10] https://github.com/pytorch/vision

14.2 常用框架的各自特点

14.2.1 Caffe

Caffe 是一个广为人知、广泛应用于计算机视觉方面的深度学习库，由加州大学伯克利分校 BVLC 组开发。总结来说，Caffe 有以下优缺点：

✓ 适合前馈网络和图像处理；

✓ 适合微调已有的网络模型；

✓ 训练已有网络模型，无须编写任何代码；

✓ 提供方便的 Python 和 MATLAB 接口；

✗ 可单机多卡，但不支持多机多卡；

✗ 需要用 C++ / CUDA 编写新的 GPU 层；

✗ 不适合循环网络；

✗ 用于大型网络（如 GoogLeNet、ResNet）时过于烦琐；

✗ 扩展性稍差，代码有些不够精简；

✗ 不提供商业支持；

✗ 框架更新缓慢，可能之后不再更新。

14.2.2 Deeplearning4j

Deeplearning4j 简称 DL4J，是基于 JVM、聚焦行业应用且提供商业支持的分布式深度学习框架，其宗旨是在合理的时间内解决各类涉及大量数据的问题。它与 Hadoop 和 Spark 集成，可使用任意数量的 GPU 或 CPU 运行。DL4J 是一种适用于各类平台的便携式学习库，开发语言为 Java，可通过调整 JVM 的堆空间、垃圾回收算法、内存管理，以及 DL4J 的 ETL 数据加工管道来优化 DL4J 的性能。其优缺点为：

✓ 适用于分布式集群，可高效处理海量数据；

✓ 在多种芯片上的运行已经被优化；

✓ 可跨平台运行，有多种语言接口；

✓ 支持单机多卡和多机多卡；

✓ 支持自动求导，方便编写新的网络层；

✓ 提供商业支持；

✗ 提供的预训练模型有限；

✗ 框架速度不够快。

14.2.3 Keras

Keras 由谷歌软件工程师 Francois Chollet 开发，是一个基于 Theano 和 TensorFlow 的深度学习库，具有一个受 Torch 启发、较为直观的 API。其优缺点如下：

✓ 受 Torch 启发的直观 API；

✓ 可使用 Theano、TensorFlow 和 Deeplearning4j 后端；

✓ 支持自动求导；

✓ 框架更新速度快。

14.2.4 MXNet

MXNet 是一个提供多种 API 的机器学习框架，主要面向 R、Python 和 Julia 等语言，目前已被亚马逊云服务采用。其优缺点为：

✓ 可跨平台使用；

✓ 支持多种语言接口；

✗ 不支持自动求导。

14.2.5 MatConvNet

MatConvNet 由英国牛津大学著名计算机视觉和机器学习研究组 VGG 负责开发，是主要基于 MATLAB 的深度学习工具包。其优缺点为：

✓ 基于 MATLAB，便于进行图像处理和深度特征后处理；

✓ 提供了丰富的预训练模型；

✓ 提供了充足的文档及教程；

✗ 不支持自动求导；

✗ 跨平台能力差。

14.2.6 TensorFlow

TensorFlow 是 Google 负责开发的用 Python API 编写，通过 C/C++ 引擎加速的深度学习框架，是目前受关注最多的深度学习框架。它使用数据流图集成深度学习中最常见的单元，并支持许多最新的 CNN 网络结构以及不同设置的 RNN。其优缺点为：

✓ 具有包含深度学习在内的多种用途，还有支持强化学习和其他算法的工具；

✓ 跨平台运行能力强；

✓ 支持自动求导；

✗ 运行明显比其他框架慢；

✗ 不提供商业支持。

14.2.7 Theano

Theano 是深度学习框架中的元老，用 Python 编写，可与其他学习库配合使用，非常适合学术研究中的模型开发。现在已有大量基于 Theano 的开源深度学习库，包括 Keras、Lasagne 和 Blocks。这些学习库试着在 Theano 有时不够直观的接口之上添加一层便于使用的 API。关于 Theano，有如下特点：

✓ 支持 Python 和 Numpy；

✓ 支持自动求导；

✓ RNN 与计算图匹配良好；

✓ 高级的包装（Keras、Lasagne）可减少使用时的麻烦；

✗ 编译困难，对错误信息可能没有提供帮助信息；

✗ 运行模型前需编译计算图，大型模型的编译时间较长；

✗ 仅支持单机单卡；

✗ 对预训练模型的支持不够完善。

14.2.8 Torch

Torch 是用 Lua 编写并带 API 的科学计算框架，支持机器学习算法。Facebook 和 Twitter 等大型科技公司使用 Torch 的某些版本，由内部团队专门负责定制自己的深度学习平台。其优缺点如下：

✓ 大量模块化组件，容易组合；

✓ 易编写新的网络层；

✓ 支持丰富的预训练模型；

✓ PyTorch 为 Torch 提供了更便利的接口；

✗ 使用 Lua 语言需要学习成本；

✗ 文档质量参差不齐；

✗ 一般需要自己编写训练代码（即插即用相对较少）。

14.3 其他

除已公开开源的深度学习开发框架外，各大人工智能公司也热衷于使用自身的内部开发工具，如旷视科技的 MegBrain。MegBrain 是旷视科技自研的深度学习引擎和解决方案，对于算法模型起到支撑训练与实现推理的重大作用。该项目于 2014 年底启动，先于 TensorFlow 出现，其内核由 C++ 编写，有 Python 语言接口。它的初衷是既像 Theano 一样灵活，又像 Caffe 一样快速；既可扩展，又可部署。目前，MegBrain 已广泛应用于旷视研究院原创算法模型的训练与部署之中，并适用于云、端、芯等不同平台。同时，MegBrain 也一直在做其开源准备。

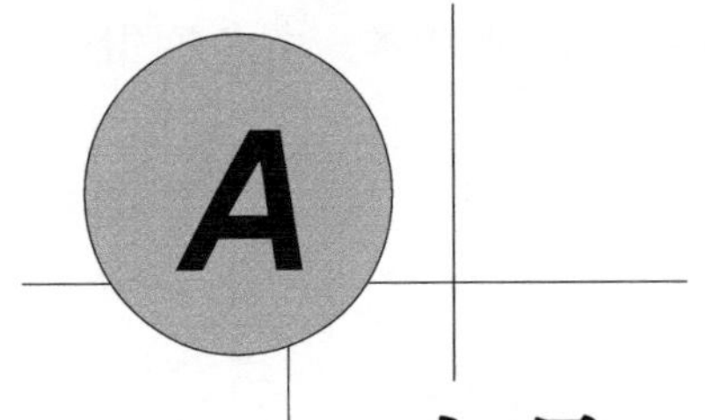

向量、矩阵及其基本运算

深度学习模型特别是卷积神经网络中涉及较多向量和矩阵运算及操作。本附录简要介绍向量和矩阵的基础知识，以及向量、矩阵的基本运算。

A.1 向量及其基本运算

A.1.1 向量

向量（vector）是指由 n 个实数组成的有序数组，称为 n 维向量，无特殊说明一般将其表示为一条列向量。如：

$$\boldsymbol{x} = \begin{bmatrix} x_1 \\ x_2 \\ \vdots \\ x_n \end{bmatrix}, \tag{A.1}$$

其中，x_n 为向量第 n 维元素。

A.1.2 向量范数

范数（norm）是具有“长度”概念的函数。在线性代数、泛函分析及相关的数学领域，范数是一个函数，其为向量空间内的所有向量赋予非 0 的正长度或大小。较常用的向量范数有：

- 1-范数。$\|\boldsymbol{x}\|_1 = \sum_{i=1}^{N} |x_i|$，即向量元素绝对值之和。在损失函数（loss function）中，常用的 ℓ_1 损失函数即为此形式。
- 2-范数。$\|\boldsymbol{x}\|_2 = (\sum_{i=1}^{N} |x_i|^2)^{\frac{1}{2}}$，即欧几里德范数（Euclid norm），常用于计算向量长度。在损失函数中，一般取误差向量 2-范数的平方作为 ℓ_2 损失函数。
- ∞-范数。$\|\boldsymbol{x}\|_\infty = \max_i |x_i|$，即所有向量元素绝对值中的最大值。
- p-范数。$\|\boldsymbol{x}\|_p = (\sum_{i=1}^{N} |x_i|^p)^{\frac{1}{p}}$，$(p \geqslant 1)$，即向量元素绝对值的 p 次方和的 $1/p$ 次幂。

A.1.3 向量运算

设有向量 $\boldsymbol{x} = (x_1, x_2, \ldots, x_n)^\top$ 和 $\boldsymbol{y} = (y_1, y_2, \ldots, y_n)^\top$：

- 向量加法。$\boldsymbol{x} + \boldsymbol{y} = (x_1 + y_1, x_2 + y_2, \ldots, x_n + y_n)^\top$
- 向量减法。$\boldsymbol{x} - \boldsymbol{y} = (x_1 - y_1, x_2 - y_2, \ldots, x_n - y_n)^\top$
- 向量数乘。$\lambda\boldsymbol{x} = (\lambda x_1, \lambda x_2, \ldots, \lambda x_n)^\top$，其中 λ 为标量（scalar）。
- 向量点积（dot product），又称向量内积（inner product）。$\boldsymbol{x} \cdot \boldsymbol{y} = \boldsymbol{x}^\top \boldsymbol{y} = x_1 y_1 + x_2 y_2 + \cdots + x_n y_n$

A.2 矩阵及其基本运算

A.2.1 矩阵

数学上，一个 $m \times n$ 的**矩阵**（matrix）是一个由 m 行、n 列元素排列成的矩形阵列。矩阵里的元素可以是数字、符号或数学式。如下，是一个 4 行 3 列的矩阵 $\boldsymbol{A}$：

$$\boldsymbol{A} = \begin{bmatrix} 8 & 9 & 1 \\ 3 & 10 & 3 \\ 5 & 4 & 8 \\ 7 & 16 & 3 \end{bmatrix}, \tag{A.2}$$

其中，从左上角数起的第 i 行第 j 列上的元素称为矩阵第 (i,j) 项，通常记为 a_{ij}、A_{ij}、$A_{i,j}$ 或 $A_{[i,j]}$。上述例子中 $A_{4,2} = 16$。如果不知道矩阵 $\boldsymbol{A}$ 的具体元素，通常也会将它记成 $\boldsymbol{A} = [a_{ij}]_{m\times n}$。

A.2.2 矩阵范数

类似向量范数，常用的矩阵范数如下：

- 列范数。$\|\boldsymbol{A}\|_1 = \max_{1\leqslant j\leqslant n} \sum_{i=1}^{m} |a_{ij}|$，即 $\boldsymbol{A}$ 的每列绝对值之和的最大值。
- 行范数。$\|\boldsymbol{A}\|_\infty = \max_{1\leqslant i\leqslant m} \sum_{j=1}^{n} |a_{ij}|$，即 $\boldsymbol{A}$ 的每行绝对值之和的最大值。
- 2-范数。$\|\boldsymbol{A}\|_2 = \sqrt{\lambda_{\max}(\boldsymbol{A}^\top \boldsymbol{A})}$，其中 $\lambda_{\max}(\boldsymbol{A}^\top \boldsymbol{A})$ 为 $\boldsymbol{A}^\top \boldsymbol{A}$ 的特征值绝对值的最大值。
- F-范数。$\|\boldsymbol{A}\|_F = \left(\sum_{i=1}^{m} \sum_{j=1}^{n} |a_{ij}|^2\right)^{1/2}$

- p-范数。$\|\boldsymbol{A}\|_p = \left(\sum_{i=1}^{m}\sum_{j=1}^{n}|a_{ij}|^p\right)^{1/p}$，$(p \geqslant 1)$

A.2.3 矩阵运算

若 $\boldsymbol{A}$ 和 $\boldsymbol{B}$ 都为 $m \times n$ 的矩阵，则：

- 矩阵加法。$(\boldsymbol{A}+\boldsymbol{B})_{ij} = A_{ij} + B_{ij}$
- 矩阵减法。$(\boldsymbol{A}-\boldsymbol{B})_{ij} = A_{ij} - B_{ij}$
- 矩阵数乘。$(\lambda\boldsymbol{A}) = \lambda A_{ij}$，其中 λ 为标量。
- 矩阵点乘。$(\boldsymbol{A}\odot\boldsymbol{B})_{ij} = A_{ij} \cdot B_{ij}$
- 矩阵转置。$\left(\boldsymbol{A}^{\top}\right)_{ij} = A_{ji}$
- 矩阵向量化。是将矩阵表示为一个列向量，一般用 vec 向量化算子表示。若 $\boldsymbol{A} = [a_{ij}]_{m\times n}$，则 $\mathrm{vec}(\boldsymbol{A}) = [a_{11}, a_{21}, \dots, a_{m1}, a_{12}, a_{22}, \dots, a_{m2}, \dots, a_{1n}, a_{2n}, \dots, a_{mn}]^{\top}$。在深度学习实际工程实现中，均首先将矩阵向量化以便将矩阵运算转化为高效快捷的向量运算。

B 随机梯度下降

梯度下降法（gradient descent）是最小化损失函数（或目标函数）一种常用的一阶优化方法，通常也称被为“最速下降法”。要使用梯度下降法找到一个函数的局部极小值，必须对函数上当前点对应梯度（或者是近似梯度）的反方向的规定步长距离点进行迭代搜索。若向梯度正方向进行迭代搜索，则会接近函数的局部极大值点，这个过程则被称为“梯度上升法”。

下面以二维空间梯度下降法为例。如图B-1a所示，假设实值函数 $f(\boldsymbol{x})$ 定义在平面上，其中 $x \in \mathbb{R}^2$ 表示二维空间中的一点。蓝色曲线表示等高线（水平集），即函数 f 为常数的集合构成的曲线。若函数 f 在点 $\boldsymbol{x}_0$ 处可微且有定义，那么函数 f 在 $\boldsymbol{x}_0$ 点沿其梯度相反的方向 $-f'(\boldsymbol{x}_0)$ 下降最快。因而，若

$$\boldsymbol{x}_1 = \boldsymbol{x}_0 - \gamma f'(\boldsymbol{x}_0) \tag{B.1}$$

对于 $\gamma > 0$ 为一个足够小的数值成立，那么 $f(\boldsymbol{x}_0) \geqslant f(\boldsymbol{x}_1)$。考虑到这一点，我们可以从函数 f 的局部极小值的初始估计 $\boldsymbol{x}_0$ 出发，并考虑序列 $\boldsymbol{x}_0, \boldsymbol{x}_1, \boldsymbol{x}_2, \ldots$ 使得

$$\boldsymbol{x}_{n+1} = \boldsymbol{x}_n - \gamma_n f'(\boldsymbol{x}_n) \quad n \geqslant 0 \tag{B.2}$$

因此，可得到：

$$f(\boldsymbol{x}_0) \geqslant f(\boldsymbol{x}_1) \geqslant f(\boldsymbol{x}_2) \geqslant \cdots \tag{B.3}$$

理想情况下，序列 $f(\boldsymbol{x}_n)$ 会收敛到我们期望的极值点。注意，整个收敛过程中每次迭代的步长 γ 可以改变。每次沿梯度下降方向移动的步骤如图B-1b所示。

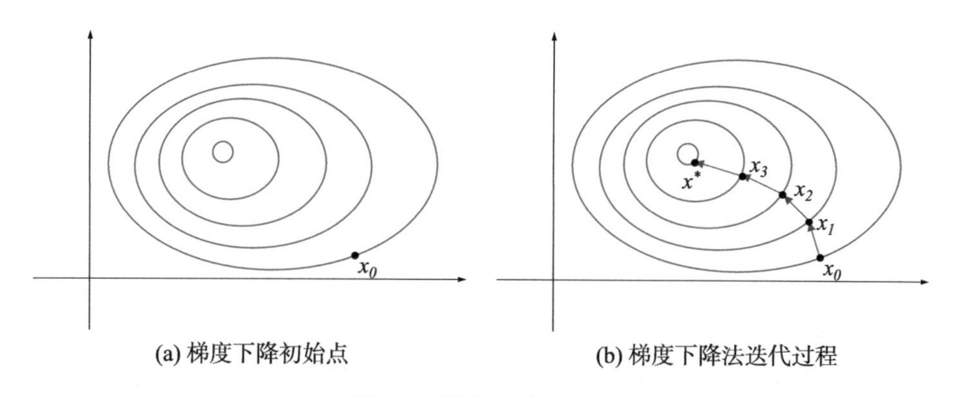

(a) 梯度下降初始点　　(b) 梯度下降法迭代过程

图 B-1　梯度下降法示例

红色的箭头指向该点梯度的反方向（某点处的梯度方向与通过该点的等高线垂直）。沿着梯度下降方向，函数将最终到达“中心”，即函数 f 取得最小值的对应点 $\boldsymbol{x}^*$。

在此需要指出的是，梯度下降法在每次迭代求解机器学习目标函数最优解时，需要计算所有训练集样本的梯度。如果训练集很大，特别是在深度学习中，训练数据动辄上万甚至上百万，那么可想而知，这种方法的效率会非常低下。同时，由于硬件资源（GPU 显存等）的限制，这一做法在实际应用中基本不现实。所以在深度学习中常使用随机梯度下降法来代替经典的梯度下降法更新参数，训练模型。

随机梯度下降法（stochastic gradient descent, SGD）是通过每次计算一个样本来对模型参数进行迭代更新，这样可能只需几百或者几千个样本便可得到最优解，相比于上面提到的梯度下降法迭代一次需要全部的样本，SGD 这种方法效率自然较高。不过，与此同时，随机梯度下降法由于每次计算只考虑一个样本，使得它每次迭代并不一定都是模型整体最优化的方向。如果样本噪声较多，基于随机梯度下降法的模型很容易陷入局部最优解而收敛到不理想的状态。因此，在深度学习中，仍然需要遍历所有的训练样本，每遍历一次训练集样本我们称训练经过了“一轮”（epoch）。只不过在深度学习中将 SGD 做了简单的改造，每次选取“一批”样本，利用这批样本上的梯度信息完成一次模型更新，每在一批数据上训练一次我们称之为一个“batch”训练。因此基于“批处理”数据的随机梯度下降法被称为“批处理”的 SGD（mini-batch based SGD）。实际上，批处理的 SGD 是在标准梯度下降法和随机梯度下降法之间的折中。由于将 64 或 128 个训练样本作为“一批”（mini-batch）数据，在一批样本中能获得相对单个样本更健壮的梯度信息，因此批处理 SGD 相对经典 SGD 更加稳定。目前对于深度神经网络的训练，如卷积神经网络、递归神经网络等，均采用批处理的随机梯度下降算法（mini-batch SGD）。

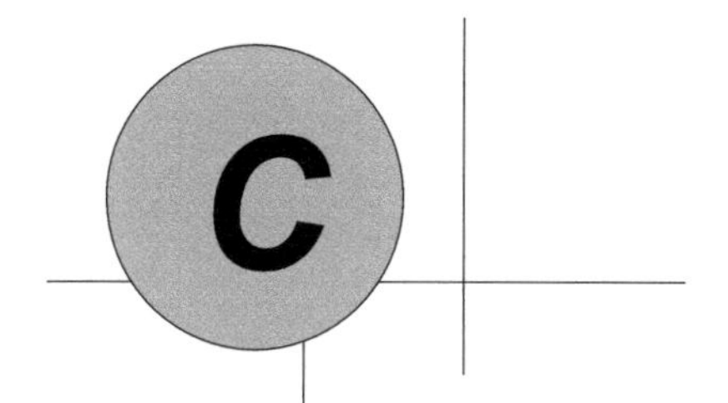

链式法则

链式法则（chain rule）是微积分中的求导法则，用于求得一个复合函数的导数，是微积分求导运算中的一种常用方法。历史上，第一次使用链式法则的是德国哲学家、逻辑学家、数学家和科学家莱布尼茨（Gottfried Wilhelm Leibniz），他在求解平方根函数（square root function）和 $a+bz+cz^2$ 函数的复合函数，即 $\sqrt{a+bz+cz^2}$ 的偏导数（partial derivative）时使用了该方法。由于在深度学习的模型训练中通常仅涉及一阶导数，因此本附录仅讨论一元或多元函数的一阶导数情形。

已知导数定义为：

$$f'(x)=\frac{\mathrm{d}f}{\mathrm{d}x}=\lim_{h\to 0}\frac{f(x+h)-f(x)}{h}. \tag{C.1}$$

假设有函数 $F(x)=f(g(x))$，其中 $f(\cdot)$ 和 $g(\cdot)$ 为函数，x 为常数，使得 $f(\cdot)$ 在 $g(x)$ 可导，且 $g(\cdot)$ 在 x 处可导；则有 $F'(x)=f'(g(x))\cdot g'(x)$，即 $\dfrac{\partial F}{\partial x}=\dfrac{\partial f}{\partial g}\cdot\dfrac{\partial g}{\partial x}$。关于其数学证明如下。

证明： 根据可导的定义

$$g(x+\delta)-g(x)=\delta g'(x)+\epsilon(\delta)\delta, \tag{C.2}$$

其中，$\epsilon(\delta)$ 是余项，当 $\delta\to 0$ 时，$\epsilon(\delta)\to 0$。

同理

$$f(g(x)+\alpha)-f(g(x))=\alpha f'(g(x))+\eta(\alpha)\alpha, \tag{C.3}$$

其中，当 $\alpha\to 0$ 时，$\eta(\alpha)\to 0$。

现对 $F(x)$ 有

$$F(x+\delta)-F(x)=f(g(x+\delta))-f(g(x)) \tag{C.4}$$

$$=f(g(x)+\delta g'(x)+\epsilon(\delta)\delta)-f(g(x)) \tag{C.5}$$

$$=\alpha_\delta f'(g(x))+\eta(\alpha_\delta)\alpha_\delta, \tag{C.6}$$

其中，$\alpha_\delta=\delta g'(x)+\epsilon(\delta)\delta$。

注意，当 $\delta\to 0$ 时，$\frac{\alpha_\delta}{\delta}\to g'(x)$ 及 $\alpha_\delta\to 0$，因此 $\eta(\alpha_\delta)\to 0$。故

$$\frac{f(g(x+\delta))-f(g(x))}{\delta}\to f'(g(x))\cdot g'(x). \tag{C.7}$$

举个例子，若 $F(x)=(a+bx)^2$，则根据链式法则，可得函数 $F(\cdot)$ 对自变量 x 的导数为：

$f(t)=t^2, g(x)=a+bx, \frac{\partial F}{\partial x}=\frac{\partial f}{\partial t}\cdot\frac{\partial t}{\partial x}=2t\cdot b=2g(x)\cdot b=2b^2x+2ab$。

参考文献

[1] Lei Jimmy Ba and Rich Caruana. Do deep nets really need to be deep? In *Advances in Neural Information Processing Systems*, pages 2654–2662, 2014.

[2] Herbert Bay, Tinne Tuytelaars, and Luc Van Gool. SURF: Speeded up robust features. In *Proceedings of European Conference on Computer Vision*, pages 404–417, 2006.

[3] Vasileios Belagiannis, Christian Rupprecht, Gustavo Carneiro, and Nassir Navab. Robust optimization for deep regression. In *Proceedings of International Conference on Computer Vision*, pages 2830–2838, 2015.

[4] Yoshua Bengio, Aaron Courville, and Pascal Vincent. Representation learning: A review and new perspectives. *IEEE Transactions on Pattern Analysis and Machine Intelligence*, 35(8):1798–1828, 2013.

[5] Gal Chechik, Isaac Meilijson, and Eytan Ruppin. Synaptic pruning in development: a computational account. *Neural Computation*, 10(7):1759–1777, 1998.

[6] Wenlin Chen, James T. Wilson, Stephen Tyree, Kilian Q. Weinberger, and Yixin Chen. Compressing neural networks with the hashing trick. In *Proceedings of International Conference on Machine Learning*, pages 2285–2294, 2015.

[7] Mircea Cimpoi, Subhransu Maji, Iasonas Kokkinos, and Andrea Vedaldi. Deep filter banks for texture recognition, description, and segmentation. *International Journal of Computer Vision*, 118(1):65–94, 2015.

[8] Djork-Arnè Clevert, Thomas Unterthiner, and Sepp Hochreiter. Fast and accurate deep network learning by exponential linear units (ELUs). In *Proceedings of International Conference on Learning Representations*, pages 1–14, 2016.

[9] Adam Coates, Honglak Lee, and Andrew Y. Ng. An analysis of single layer networks in unsupervised feature learning. In *Proceedings of International Conference on Artificial Intelligence and Statistics*, pages 1–9, 2011.

[10] Ronan Collobert, Fabian Sinz, Jason Weston, and Léon Bottou. Trading convexity for scalability. In *Proceedings of International Conference on Machine Learning*, pages 201–208, 2006.

[11] Matthieu Courbariaux, Yoshua Bengio, and Jean-Pierre David. Binaryconnect: Training deep neural networks with binary weights during propagations. In *Advances in Neural Information Processing Systems*, pages 3123–3131, 2015.

[12] Jifeng Dai, Haozhi Qi, Yuwen Xiong, Yi Li, Guodong Zhang, Han Hu, and Yichen Wei. Deformable convolutional networks. In *arXiv preprint arXiv:1703.06211*, pages 1–11, 2017.

[13] Navneet Dalal and Bill Triggs. Histograms of oriented gradients for human detection. In *Proceedings of IEEE Conference on Computer Vision and Pattern Recognition*, pages 886–893, 2005.

[14] Jeffrey Dean, Greg S. Corrado, Rajat Monga, Kai Chen, Matthieu Devin, Quoc V. Le, Mark Z. Mao, Marc'Aurelio Ranzato, Andrew Senior, Paul Tucker, Ke Yang, and Andrew Y. Ng. Large scale distributed deep networks. In *Advances in Neural Information Processing Systems*, pages 1223–1231, 2012.

[15] Misha Denil, Babak Shakibi, Laurent Dinh, Marc'Aurelio Ranzato, and Nando de Freitas. Predicting parameters in deep learning. In *Advances in Neural Information Processing Systems*, pages 2148–2156, 2013.

[16] Emily Denton, Wojciech Zaremba, Joan Bruna, Yann LeCun, and Rob Fergus. Exploiting linear structure within convolutional networks for efficient evaluation. In *Advances in Neural Information Processing Systems*, pages 1269–1277, 2014.

[17] John Duchi, Elad Hazan, and Yoram Singer. Adaptive subgradient methods for online learning and stochastic optimization. *Journal of Machine Learning Research*, 12:2121–2159, 2011.

[18] William T. Freeman and Edward H. Adelson. The design and use of steerable filters. *IEEE Transactions on Pattern Recognition and Machine Intelligence*, 13(9):891–906, 1991.

[19] Kunihiko Fukushima. Neocognitron: A self-organizing neural network model for a mechanism of pattern recognition unaffected by shift in position. *Biological Cybernetics*, 36:193–202, 1980.

[20] Bin-Bin Gao, Xiu-Shen Wei, Jianxin Wu, and Weiyao Lin. Deep spatial pyramid: The devil is once again in the details. In *arXiv:1504.05277v2*, pages 1–9, 2015.

[21] Bin-Bin Gao, Chao Xing, Chen-Wei Xie, Jianxin Wu, and Xin Geng. Deep label distribution learning with label ambiguity. *IEEE Transactions on Image Processing*, 26(6):2825–2838, 2017.

[22] Weifeng Ge and Yizhou Yu. Borrowing treasures from the wealthy: Deep transfer learning through selective joint fine-tuning. In *Proceedings of IEEE Conference on Computer Vision and Pattern Recognition*, page in press, 2017.

[23] Xin Geng and Yu Xia. Head pose estimation based on multivariate label distribution. In *Proceedings of IEEE Conference on Computer Vision and Pattern Recognition*, pages 1837–1842, 2014.

[24] Xin Geng, Chao Yin, and Zhi-Hua Zhou. Facial age estimation by learning from label distributions. *IEEE Transactions on Pattern Analysis and Machine Intelligence*, 35(10):2401–2412, 2013.

[25] Felix A Gers, Jürgen Schmidhuber, and Fred Cummins. Learning to forget: Continual prediction with LSTM. *Neural computation*, 12(10):2451–2471, 2000.

[26] Amir Ghodrati, Ali Diba, Marco Pedersoli, Tinne Tuytelaars, and Luc Van Gool. DeepProposal: Hunting objects by cascading deep convolutional layers. In *Proceedings of IEEE International Conference on Computer Vision*, pages 2578–2586, 2015.

[27] Xavier Glorot and Yoshua Bengio. Understanding the difficulty of training deep feedforward neural networks. In *Proceedings of International Conference on Artificial Intelligence and Statistics*, pages 249–256, 2010.

[28] Yunchao Gong, Liu Liu, Ming Yang, and Lubomir Bourdev. Compressing deep convolutional networks using vector quantization. In *arXiv preprint arXiv:1412.6115*, pages 1–10, 2014.

[29] Song Han, Huizi Mao, and William J. Dally. Deep compression: Compressing deep neural networks with pruning, trained quantization and huffman coding. In *Proceedings of International Conference on Learning Representations*, pages 1–14, 2016.

[30] Song Han, Jeff Pool, John Tran, and William J. Dally. Learning both weights and connections for efficient neural network. In *Advances in Neural Information Processing Systems*, pages 1135–1143, 2015.

[31] Bharath Hariharan, Pablo Arbeláez, Ross Girshick, and Jitendra Malik. Object instance segmentation and fine-grained localization using hypercolumns. *IEEE Transactions on Pattern Recognition and Machine Intelligence*, 39(4):627–639, 2017.

[32] Abul Hasnat, Julien Bohné, Stéphane Gentric, and Liming Chen. Deep visage: Making face recognition simple yet with powerful generalization skills. *arXiv preprint arXiv:1703.08388*, 2017.

[33] Babak Hassibi and David G. Stork. Second order derivatives for network pruning: Optimal brain surgeon. In *Advances in Neural Information Processing Systems*, pages 164–164, 1993.

[34] Kaiming He, Xiangyu Zhang, Shaoqing Ren, and Jian Sun. Delving deep into rectifiers: Surpassing human-level performance on ImageNet classification. In *Proceedings of IEEE International Conference on Computer Vision*, pages 1026–1034, 2015.

[35] Kaiming He, Xiangyu Zhang, Shaoqing Ren, and Jian Sun. Spatial pyramid pooling in deep convolutional networks for visual recognition. *IEEE Transactions on Pattern Recognition and Machine Intelligence*, 37(9):1904–1916, 2015.

[36] Kaiming He, Xiangyu Zhang, Shaoqing Ren, and Jian Sun. Deep residual learning for image recognition. In *Proceedings of IEEE Conference on Computer Vision and Pattern Recognition*, pages 770–778, 2016.

[37] Geoffrey E. Hinton. Learning distributed representations of concepts. In *Annual Conference of the Cognitive Science Society*, pages 1–12, 1986.

[38] Geoffrey E. Hinton and Ruslan Salakhutdinov. Reducing the dimensionality of data with neural networks. *Science*, pages 504–507, 2006.

[39] Geoffrey E. Hinton, Nitish Srivastava, Alex Krizhevsky, Ilya Sutskever, and Ruslan R. Salakhutdinov. Improving neural networks by preventing co-adaptation of feature detectors. In *arXiv preprint arXiv:1207.0580*, pages 1–18, 2012.

[40] Geoffrey E. Hinton, Oriol Vinyals, and Jeff Dean. Distilling the knowledge in a neural network. In *Advances in Neural Information Processing Systems Deep Learning Workshop*, pages 1269–1277, 2015.

[41] Sepp Hochreiter and Jürgen Schmidhuber. Long short-term memory. *Neural Computation*, 9(8):1735–1780, 1997.

[42] Hengyuan Hu, Rui Peng, Yu-Wing Tai, and Chi-Keung Tang. Network trimming: A data-driven neuron pruning approach towards efficient deep architectures. In *arXiv preprint arXiv:1607.03250*, pages 1–9, 2016.

[43] Gao Huang, Yixuan Li, Geoff Pleiss, Zhuang Liu, John E. Hopcroft, and Kilian Q. Weinberger. Snapshot ensembles: Train 1, get m for free. In *Proceedings of International Conference on Learning Representations*, pages 1–14, 2017.

[44] Itay Hubara, Matthieu Courbariaux, Daniel Soudry, Ran El-Yaniv, and Yoshua Bengio. Binarized neural networks. In *Advances in Neural Information Processing Systems*, pages 4107–4115, 2016.

[45] Forrest N. Iandola, Song Han, Matthew W. Moskewicz, Khalid Ashraf, William J. Dally, and Kurt Keutzer. SqueezeNet: AlexNet-level accuracy with 50x fewer parameters and <0.5MB model size. In *Proceedings of International Conference on Machine Learning*, pages 1–13, 2017.

[46] Sergey Ioffe and Christian Szegedy. Batch normalization: Accelerating deep network training by reducing internal covariate shift. In *Proceedings of International Conference on Machine Learning*, pages 448–456, 2015.

[47] Yangqing Jia, Evan Shelhamer, Jeff Donahue, Sergey Karayev, Jonathan Long, Ross Girshick, Sergio Guadarrama, and Trevor Darrell. Caffe: Convolutional architecture for fast feature embedding. In *ACM International Conference on Multimedia*, pages 675–678, 2014.

[48] Yan Ke and Rahul Sukthankar. PCA-SIFT: A more distinctive representation for local image descriptors. In *Proceedings of IEEE Conference on Computer Vision and Pattern Recognition*, pages 511–517, 2004.

[49] Diederik P. Kingma and Jimmy Ba. Adam: A method for stochastic optimization. In *Proceedings of International Conference on Learning Representations*, pages 1–15, 2015.

[50] Philipp Krähenbühl, Carl Doersch, Jeff Donahue, and Trevor Darrell. Data-dependent initializations of convolutional neural networks. In *Proceedings of International Conference on Learning Representations*, pages 1–12, 2016.

[51] Alex Krizhevsky. Learning multiple layers of features from tiny images. *Technique Report*, pages 1–60, 2009.

[52] Alex Krizhevsky, Ilya Sutskever, and Geoffrey E. Hinton. ImageNet classification with deep convolutional neural networks. In *Advances in Neural Information Processing Systems*, pages 1097–1105, 2012.

[53] Vadim Lebedev and Victor Lempitsky. Fast convnets using group-wise brain damage. In *Proceedings of IEEE Conference on Computer Vision and Pattern Recognition*, pages 2554–2564, 2016.

[54] Yann LeCun, Léon Bottou, Yoshua Bengio, and Patrick Haffner. Gradient-based learning applied to document recognition. *Proceedings of the IEEE*, pages 1–46, 1998.

[55] Yann LeCun, John S. Denker, and Sara A. Solla. Optimal brain damage. In *Advances in Neural Information Processing Systems*, pages 598–605, 1990.

[56] Hao Li, Asim Kadav, Igor Durdanovic, Hanan Samet, and H. P. Graf. Pruning filters for efficient convnets. In *Proceedings of International Conference on Learning Representations*, pages 1–13, 2017.

[57] Fayao Liu, Chunhua Shen, and Guosheng Lin. Deep convolutional neural fields for depth estimation from a single image. In *Proceedings of IEEE Conference on Computer Vision and Pattern Recognition*, pages 5162–5170, 2015.

[58] Weiyang Liu, Yandong Wen, Zhiding Yu, and Meng Yang. Large-margin softmax loss for convolutional neural networks. In *Proceedings of International Conference on Machine Learning*, pages 1–10, 2016.

[59] Xu-Ying Liu, Jianxin Wu, and Zhi-Hua Zhou. Exploratory undersampling for class-imbalance learning. *IEEE Transactions on Systems, Man, and Cybernetics, Part B (Cybernetics)*, 39(2):539–550, 2009.

[60] Jonathan Long, Evan Shelhamer, and Trevor Darrell. Fully convolutional networks for semantic segmentation. In *Proceedings of IEEE Conference on Computer Vision and Pattern Recognition*, pages 3431–3440, 2015.

[61] Ilya Loshchilov and Frank Hutter. Sgdr: Stochastic gradient descent with warm restarts. In *Proceedings of International Conference on Learning Representations*, pages 1–16, 2017.

[62] David Lowe. Distinctive image features from scale-invariant keypoints. *International Journal of Computer vision*, 2(60):91–110, 2004.

[63] Ping Luo, Zhenyao Zhu, Ziwei Liu, Xiaogang Wang, and Xiaoou Tang. Face model compression by distilling knowledge from neurons. In *Proceedings of AAAI Conference on Artificial Intelligence*, pages 3560–3566, 2016.

[64] Andrew L. Maas, Awni Y. Hannun, and Andrew Y. Ng. Rectifier nonlinearities improve neural network acoustic models. In *Proceedings of International Conference on Machine Learning*, pages 1–6, 2013.

[65] Warren S. McCulloch and Walter Pitts. A logical calculus of the ideas immanent in nervous activity. *The Bulletin of Mathematical Biophysics*, 5(4):115–133, 1943.

[66] Krystian Mikolajczyk and Cordelia Schmid. A performance evaluation of local descriptors. *IEEE Transactions on Pattern Recognition and Machine Intelligence*, 27(10):1615–1630, 2004.

[67] Shuicheng Yan Min Lin, Qiang Chen. Network in network. In *Proceedings of International Conference on Learning Representations*, pages 1–14, 2014.

[68] Pavlo Molchanov, Stephen Tyree, Tero Karras, Timo Aila, and Jan Kautz. Pruning convolutional neural networks for resource efficient inference. In *Proceedings of International Conference on Learning Representations*, pages 1–17, 2017.

[69] Vinod Nair and Geoffrey E. Hinton. Rectified linear units improve restricted boltzmann machines. In *Proceedings of International Conference on Machine Learning*, pages 807–814, 2010.

[70] J. Ross Quinlan. *C4.5: Programs for Machine Learning*. Morgan Kaufmann Publishers, 1993.

[71] Mohammad Rastegari, Vicente Ordonez, Joseph Redmon, and Ali Farhadi. XNOR-Net: ImageNet classification using binary convolutional neural networks. In *Proceedings of European Conference on Computer Vision*, pages 525–542, 2016.

[72] David E. Rumelhart, Geoffrey E. Hinton, and Ronald J. Williams. Learning representations by back-propagating errors. *Nature*, pages 533–536, 1986.

[73] Olga Russakovsky, Jia Deng, Hao Su, Jonathan Krause, Sanjeev Satheesh, Sean Ma, Zhiheng Huang, Andrej Karpathy, Aditya Khosla, Michael Bernstein, Alexander C. Berg, and Li Fei-Fei. ImageNet large scale visual recog-

nition challenge. *International Journal of Computer Vision*, 115(3):211–252, 2015.

[74] Karen Simonyan and Andrew Zisserman. Very deep convolutional networks for large-scale image recognition. In *Proceedings of International Conference on Learning Representations*, pages 1–14, 2015.

[75] Vikas Sindhwani, Tara N. Sainath, and Sanjiv Kumar. Structured transforms for small-footprint deep learning. In *Advances in Neural Information Processing Systems*, pages 3088–3096, 2015.

[76] Jascha Sohl-Dickstein, Ben Poole, and Surya Ganguli. Fast large-scale optimization by unifying stochastic gradient and quasi-newton methods. In *Proceedings of International Conference on Machine Learning*, pages 604–612, 2014.

[77] Jost Tobias Springenberg, Alexey Dosovitskiy, Thomas Brox, and Martin Riedmiller. Striving for simplicity: The all convolutional net. In *Proceedings of International Conference on Learning Representations Workshops*, pages 1–9, 2015.

[78] Nitish Srivastava, Geoffrey E. Hinton, Alex Krizhevsky, Ilya Sutskever, and Ruslan Salakhutdinov. Dropout: A simple way to prevent neural networks from overfitting. *Journal of Machine Learning Research*, 15:1929–1958, 2014.

[79] Rupesh K Srivastava, Klaus Greff, and Juergen Schmidhuber. Training very deep networks. In *Advances in Neural Information Processing Systems*, pages 2377–2385, 2015.

[80] Christian Szegedy, Wei Liu, Yangqing Jia, Pierre Sermanet, and Scott Reed. Going deeper with convolutions. In *Proceedings of IEEE Conference on Computer Vision and Pattern Recognition*, pages 1–9, 2015.

[81] Cheng Tai, Tong Xiao, Yi Zhang, Xiaogang Wang, and Weinan E. Convolutional neural networks with low-rank regularization. In *Proceedings of International Conference on Learning Representations*, pages 1–11, 2016.

[82] Tijmen Tieleman and Geoffrey E. Hinton. Neural networks for machine learning. *Coursera*, pages Lecture 6.5 – rmsprop.

[83] Xiu-Shen Wei, Bin-Bin Gao, and Jianxin Wu. Deep spatial pyramid ensemble for cultural event recognition. In *Proceedings of IEEE International Conference on Computer Vision Workshops*, pages 280–286, 2015.

[84] Xiu-Shen Wei, Jian-Hao Luo, Jianxin Wu, and Zhi-Hua Zhou. Selective convolutional descriptor aggregation for fine-grained image retrieval. *IEEE Transactions on Image Processing*, 26(6):2868–2881, 2017.

[85] Xiu-Shen Wei, Chen-Lin Zhang, Yao Li, Chen-Wei Xie, Jianxin Wu, Chunhua Shen, and Z.-H. Zhou. Deep descriptor transforming for image co-localization. In *International Joint Conference on Artificial Intelligence*, pages 3048–3054, 2017.

[86] Yandan Wang Yiran Chen Hai Li Wei Wen, Chunpeng Wu. Learning structured sarsity in deep neural networks. In *Advances in Neural Information Processing Systems*, pages 2074–2082, 2016.

[87] Yandong Wen, Kaipeng Zhang, Zhifeng Li, and Yu Qiao. A discriminative feature learning approach for deep face recognition. In *Proceedings of European Conference on Computer Vision*, pages 499–515, 2016.

[88] Chunpeng Wu, Wei Wen, Tariq Afzal, Yongmei Zhang, Yiran Chen, and Hai Li. A compact DNN: Approaching googlenet-level accuracy of classification and domain adaptation. In *Proceedings of IEEE Conference on Computer Vision and Pattern Recognition*, pages 5668–5677, 2017.

[89] Jiaxiang Wu, Cong Leng, Yuhang Wang, Qinghao Hu, and Jian Cheng. Quantized convolutional neural networks for mobile devices. In *Proceedings of IEEE Conference on Computer Vision and Pattern Recognition*, pages 4820–4828, 2016.

[90] Yichao Wu and Yufeng Liu. Robust truncated hinge loss support vector machines. *Journal of the American Statistical Association*, 102(479):974–983, 2007.

[91] Shicai Yang. Several tips and tricks for ImageNet CNN training. *Technique Report*, pages 1–12, 2016.

[92] Fisher Yu and Vladlen Koltun. Multi-scale context aggregation by dilated convolutions. In *Proceedings of International Conference on Learning Representations*, pages 1–13, 2016.

[93] Matthew D. Zeiler. ADADELTA: An adaptive learning rate method. In *arXiv preprint arXiv:1212.5701*, pages 1–6, 2012.

[94] Matthew D. Zeiler and Rob Fergus. Stochastic pooling for regularization of deep convolutional neural networks. In *Proceedings of International Conference on Learning Representations*, pages 1–9, 2013.

[95] Matthew D. Zeiler and Rob Fergus. Visualizing and understanding convolutional networks. In *Proceedings of European Conference on Computer Vision*, pages 818–833, 2014.

[96] Matthew D. Zeiler, Graham W. Taylor, and Rob Fergus. Adaptive deconvolutional networks for mid and high level feature learning. In *Proceedings of IEEE International Conference on Computer Vision*, pages 2018–2025, 2011.

[97] Chen-Lin Zhang, Hao Zhang, Xiu-Shen Wei, and Jianxin Wu. Deep bimodal regression for apparent personality analysis. In *Proceedings of European Conference on Computer Vision Workshops*, pages 311–324, 2016.

[98] Bolei Zhou, Aditya Khosla, Agata Lapedriza, Aude Oliva, and Antonio Torralba. Learning deep features for discriminative localization. In *Proceedings of European Conference on Computer Vision*, pages 2921–2929, 2016.

[99] Zhi-Hua Zhou. *Ensemble Methods: Foundations and Algorithms*. Boca Raton, FL: Chapman & Hall/CRC, 2012.

[100] Zhi-Hua Zhou and Yuan Jiang. NeC4.5: Neural ensemble based C4.5. *IEEE Transactions on Knowledge and Data Engineering*, 16(6):770–773, 2004.

[101] Hui Zou and Trevor Hastie. Regularization and variable selection via the elastic net. *Journal of the Royal Statistical Society, Series B*, 67:301–320, 2005.

索引

符号

ℓ_1 损失函数（ℓ_1 loss function）, 108

ℓ_1 正则化（ℓ_1 regularization）, 115

ℓ_2 损失函数（ℓ_2 loss function）, 108

ℓ_2 正则化（ℓ_2 regularization）, 114

$\tanh(x)$ 型函数, 93

A

Adadelta 法, 130

Adagrad 法, 130

Adam 法, 131

Alex-Net 网络模型（Alex-Net model）, 42

B

饱和效应（saturation effect）, 31

标记分布损失函数（label distribution loss function）, 109

表示学习（representation learning）, 21

不平衡数据（imbalanced data）, 135

C

参数化 ReLU（parameter ReLU）, 95

残差网络模型（residual networks）, 49

词包模型（bag-of-word model）, 37

D

大间隔交叉熵损失函数（large margin softmax loss function）, 103
代价敏感（cost-sensitive）, 139
代价敏感矩阵（cost sensitive matrix）, 139
代价敏感向量（cost sensitive vector）, 139
“端到端”思想（end-to-end manner）, 21
堆叠法（stacking）, 149
多层特征融合（multi-layer ensemble）, 144
多数表决法（majority voting）, 149
多数表决法（plurality voting）, 149

F

Fancy PCA, 80
反馈运算（back-forward）, 16
分布式表示（distributed representation）, 38
分类（classification）, 100

G

感受野（receptive filed）, 35
高速公路网络（highway networks）, 51
过拟合（overfitting）, 118

H

合页损失函数（hinge loss function）, 101
回归（regression）, 107
汇合层（pooling layer）, 28
混淆矩阵（confusion matrix）, 141

J

基于动量的随机梯度下降法（momentum SGD）, 128
激活函数（activation function）, 31, 91
集成学习（ensemble learning）, 143
加权平均法（weighted averaging）, 148
监督式数据扩充（supervised data augmentation）, 80
“简易集成”法（easy ensemble）, 144
交叉熵损失函数（cross entropy loss function）, 101
局部响应规范化（local response normalization）, 45
矩阵范数（matrix norm）, 160
矩阵运算（matrix computation）, 161
卷积层（convolution layer）, 24

L

Leaky ReLU, 94
链式法则（chain rule）, 165

M

目标函数（objective function 或 loss function）, 34

N

Nesterov 型动量随机下降法（Nesterov momentum SGD）, 129
Network-In-Network（NIN）, 48

P

批处理的随机梯度下降（mini-batch SGD）, 17
批规范化操作（batch normalization）, 125
坡道损失函数（ramp loss function）, 101

Q

前馈运算（feed-forward）, 16
欠拟合（underfitting）, 118
全连接层（fully connected layers）, 33
权重衰减（weight decay）, 115

R

RMSProp 法, 131

S

Sigmoid 型激活函数, 92
深度特征的层次性（hierarchical characteristic）, 39
数据扩充（data augmentation）, 78
数据预处理（data pre-processing）, 83
随机化 ReLU（randomized ReLU）, 97
随机失活（dropout）, 116
随机梯度下降（stochastic gradient descent）, 164

T

Tukey’s biweight 损失函数（Tukey’s biweight loss function）, 109
梯度下降（gradient descent）, 162

V

VGG-Nets 网络模型（VGG-Networks）, 46

W

网络“快照”集成法（snapshot ensemble）, 145
网络参数初始化（parameter initialization）, 85
网络模型压缩（network compression）, 58

网络正则化（network regularization）, 113
微调神经网络（fine-tuning）, 132

X

向量范数（vector norm）, 159
向量运算（vector computation）, 159
修正线性单元（rectified linear unit）, 93
学习率（learning rate）, 123
循环余弦退火（cyclic cosine annealing）, 146

Z

早停（early stopping）, 119
直接平均法（simple averaging）, 148
指数化线性单元（exponential linear unit）, 98
中心损失函数（center loss function）, 105
最大范数约束（max norm constraints）, 115